"十三五"职业教育国家规划教材

Animate CC 动画制作案例教程

（第2版）

刘鹏程　赵淑娟　主　编◎

段　欣　赵　亮　副主编◎

电子工业出版社.

Publishing House of Electronics Industry

北京·BEIJING

内 容 简 介

本书根据教育部发布的《职业教育专业目录（2021 年）》及计算机类相关专业教学标准的要求编写，是数字媒体技术应用专业的基础课程教材。

本书采用模块教学的方法，通过具体案例引领的方式介绍了 Animate CC 2021 动画制作基础、工具应用、基础动画、高级动画、文本的应用、多媒体与脚本交互等最常用、最重要的功能和使用方法，并通过综合能力进阶全面展示了 Animate CC 2021 的动画制作技巧。

本书可作为中等职业学校数字媒体技术应用专业及其相关方向的基础教材，也可作为各类计算机动漫学习的培训教材，还可供计算机动漫从业人员参考使用。

图书在版编目（CIP）数据

Animate CC 动画制作案例教程 / 刘鹏程，赵淑娟主编 . —2 版 . —北京：电子工业出版社，2022.11

ISBN 978-7-121-44547-7

Ⅰ. ①A… Ⅱ. ①刘… ②赵… Ⅲ. ①动画制作软件—中等专业学校—教材 Ⅳ. ①TP391.414

中国版本图书馆 CIP 数据核字（2022）第 214451 号

责任编辑：关雅莉　　　特约编辑：徐　震
印　　刷：中煤（北京）印务有限公司
装　　订：中煤（北京）印务有限公司
出版发行：电子工业出版社
　　　　　北京市海淀区万寿路 173 信箱　邮编：100036
开　　本：880×1 230　1/16　印张：12.5　字数：280 千字
版　　次：2018 年 8 月第 1 版
　　　　　2022 年 11 月第 2 版
印　　次：2023 年 2 月第 2 次印刷
定　　价：43.80 元

凡所购买电子工业出版社图书有缺损问题，请向购买书店调换。若书店售缺，请与本社发行部联系，联系及邮购电话：（010）88254888，88258888。

质量投诉请发邮件至 zlts@phei.com.cn，盗版侵权举报请发邮件至 dbqq@phei.com.cn。

本书咨询联系方式：（010）88254550，zhengxy@phei.com.cn。

PREFACE

本书根据教育部发布的《职业教育专业目录（2021 年）》及计算机类相关专业教学标准的要求编写，是数字媒体技术应用专业的基础课程教材。党的二十大报告指出"必须坚持科技是第一生产力、人才是第一资源、创新是第一动力"。培养大国工匠和高技能人才势在必行。本书根据教学大纲的要求，充分考虑学习者的实际情况及技能型人才的成长需要，教材的内容跟进产业及技术发展进程，及时吸收新技术、新工艺、新规范。

Animate CC 是 Adobe 公司在 Flash 基础上更名改版的动画制作软件，它以制作简单、易于传播、交互性强和制作成本低等特点，赢得了广大多媒体动画制作人员和业余爱好者的青睐，而且 Animate CC 还添加了 HTML5 动画制作及交互设计的功能，强化了 HTML5 动画的制作规范。本书以案例的形式，循序渐进地介绍了 Animate CC 2021 的各种功能，让初学者也能够快速上手制作动画。

本书分为 7 个模块，依次介绍了 Animate CC 2021 动画制作基础、工具应用、基础动画、高级动画、文本的应用、多媒体与脚本交互，以及综合能力进阶等内容。编写时按照一般的学习进程安排相关内容，每个模块都精心设计了实用的教学案例、思考与实训，帮助读者迅速掌握相关知识，快速提高实践能力。

本书的设计取向是服务于读者的发展，实现培根铸魂。素材及案例的设计充分蕴含了使命感、责任感、爱国精神、奋斗精神、开拓创新等思政教育元素。

本书内容丰富、结构清晰、案例新颖，具有很强的实用性，是一本既可以用来学习 Animate 基础动画制作，又可以用来学习 Animate 初、中级编程的书籍。

本书由山东省济南商贸学校正高级讲师刘鹏程、齐河县职业中等专业学校高级讲师赵淑娟担任主编，由山东省教育科学研究院正高级讲师段欣、赵亮担任副主编，由山东电子职业技术学院李冬芸副教授担任主审。另外，还有很多职业学校的教师也参与了程序测试、试教和修改工作，在此表示衷心的感谢。

为了提高学习效率和教学效果，方便教师教学，本书还配套有电子教学参考资料，包括教学指南、电子课件、素材等，请有需要的教师登录华信教育资源网（注册后）免费下载使用。如有问题，请在网站留言板留言或与电子工业出版社联系（E-mail: hxedu@phei.com.cn）。

由于编者水平有限，书中难免存在疏漏和不妥之处，恳请广大师生和读者批评指正。

编者联系邮箱：505167842@qq.com。

编　者

2022 年 11 月

CONTENTS

模块 1 Animate CC 2021 动画制作基础 / 001

　　1.1 Animate CC 概述 / 001

　　1.2 Animate CC 2021 工作界面 / 004

　　1.3 Animate 动画制作的原理及基本概念 / 011

案例 1 奔跑的猎豹——动画欣赏与入门 / 013

　　1.4 Animate 基本操作 / 015

思考与实训 1 / 021

模块 2 工具应用 / 023

　　案例 2 Animate 图标——绘制基本图形 / 023

　　　　2.1 工具栏介绍 / 024

　　　　2.2 选择工具组 / 025

　　　　2.3 绘图工具组 / 029

　　案例 3 勤劳的小蜜蜂——图形选择与修饰 / 037

　　　　2.4 填充与轮廓工具组 / 040

　　　　2.5 视图工具组 / 043

　　案例 4 荷塘月色——对图形进行着色 / 044

　　　　2.6 变形面板与对齐面板 / 047

　　　　2.7 对象的组合与合并 / 050

　　　　2.8 颜色设置 / 052

　　思考与实训 2 / 055

模块 3　基础动画 / 057

案例 5　植物生长——逐帧动画 / 057

　　3.1　时间轴 / 059

　　3.2　创建逐帧动画 / 064

案例 6　奥运篆书——补间形状 / 067

　　3.3　补间形状制作 / 069

　　3.4　使用形状提示 / 071

案例 7　秋游快乐行——元件和库 / 072

　　3.5　元件的分类与创建 / 075

　　3.6　使用库面板 / 079

　　3.7　元件的实例 / 079

　　3.8　影片剪辑与图形元件的关系 / 082

案例 8　经典咏流传——传统补间动画 / 083

　　3.9　传统补间动画制作 / 086

　　3.10　补间动画的属性 / 087

案例 9　海底世界——补间动画 / 088

　　3.11　补间动画制作 / 091

　　3.12　补间动画与传统补间的区别 / 093

　　3.13　动画预设 / 093

思考与实训 3 / 095

模块 4　高级动画 / 097

案例 10　花好月圆——引导层动画 / 097

　　4.1　运动引导动画 / 100

案例 11　江南水乡——遮罩动画 / 103

　　4.2　遮罩动画 / 105

案例 12　动感相册——3D 动画 / 107

　　4.3　制作 3D 动画 / 112

案例 13　健美先生——骨骼动画 / 116

案例 14　行走的恐龙——骨骼动画 / 119

　　4.4　骨骼动画 / 122

思考与实训 4 / 128

模块 5　文本的应用 / 130

案例 15　粮食安全——文本工具的使用 / 130

　　　5.1　文本工具 / 132

案例 16　文化传承——制作迫近文字效果 / 135

案例 17　中国梦——文字滤镜效果 / 137

　　　5.2　文本转换 / 140

　　　5.3　滤镜的使用 / 140

思考与实训 5 / 141

模块 6　多媒体与脚本交互 / 143

案例 18　中华民族砥砺前行——应用声音与视频 / 143

　　　6.1　应用声音 / 146

　　　6.2　应用视频 / 151

案例 19　城市名片——脚本交互 / 154

　　　6.3　ActionScript 3.0 / 159

思考与实训 6 / 162

模块 7　综合能力进阶 / 164

案例 20　中秋节快乐——制作电子贺卡 / 164

案例 21　企业广告——制作企业网站 Banner 动画 / 172

案例 22　垃圾分类——制作公益广告动画 / 179

思考与实训 7 / 191

模块 1

•••• Animate CC 2021 动画制作基础

1.1 Animate CC 概述

2015 年底，Adobe 公司宣布将 Adobe Flash Professional CC 更名为 Adobe Animate CC，不仅保留了原有 Flash 的开发工具，还添加了 HTML5 动画制作及交互设计的功能，强化了 HTML5 动画的制作规范。Animate CC 适合游戏、应用程序和 Web 交互式动画的设计。借助该软件，可以将设计的动画快速地发布到桌面、移动设备及电视等多个平台。

1. Animate CC 2021 简介

Animate CC 是一款非常专业的二维动画制作软件，该软件自 2015 年开始，经历了多个版本的不断完善与发展。当前使用的 Animate CC 2021 相较于 2020 版本有更多个性化的设计。全新改版后的软件丰富了资源面板的功能，增强了时间轴及元件的功能。

2. Animate CC 动画的技术优势与特点

Animate CC 动画是一种矢量格式动画，其技术优势非常明显。

● 文件体积小

Animate CC 动画是通过关键帧和组件技术所生成的基于矢量的图形动画，采用了流式播放技术，占用的存储空间很小，便于互联网传输。

● 交互性好

Animate CC 整合了 Flash 与 HTML5 的强大功能，可以弥补许多动画制作软件只能制作标准顺序动画的缺陷，有效地扩展了动画的应用领域。

● 图像质量高

Animate CC 动画是用矢量图形创建的。与位图相比，矢量图无论放大多少倍都不会影响图像的质量；而位图无限放大时，就会出现失真现象。

● 界面友好、制作成本低

Animate CC 友好的界面，简单易懂的操作，使得无论是初学者还是技术高手，都可以发挥无限的想象力，制作出精彩小巧的动画。使用该软件制作动画能够减少人力、物力的消耗，因此制作成本也相对较低。

● 具有跨平台性和可移植性

Animate CC 取代 Flash 软件后，维持了原有 Flash 的开发工具，并为网页开发者提供了适用于网页应用的音频、图片、视频、动画等技术支持，通过 Animate CC 创作的动画轻松实现了多种目标平台的跨越。

3. Animate CC 动画的应用范围

由于 Animate CC 动画的诸多优点，使其应用非常广泛。从某种程度上说，Animate CC 动画带动了中国动漫产业的发展。现在 Animate CC 的应用领域已经不再局限于互联网，电视、电影、移动多媒体、教学课件、MTV 音乐电视等都是其展示的舞台，Animate CC 动画借助这些媒体已经深入人心。轻松的幽默剧、好玩的交互游戏、精彩的网站片头、灵活的 Web 交互式动画、实用的动态横幅广告、寓教于乐的教学课件等都是 Animate CC 动画的表现形式。如图 1-1 所示为两副 Animate CC 动画的截图。

图 1-1　Animate CC 动画的截图

4. Animate CC 文件格式

在 Animate CC 中，用户可以处理多种类型的文件（如 FLA、XFL、AS、JSFL 等格式），也可以导出为多种类型的文件（如 SWF、GIF、JPG、PNG、MOV、MPEG、MP4 等格式），不同类型的文件其用途各不相同。下面对常用的文件类型进行简单介绍。

● FLA 文件

FLA 是一种包含原始素材的 Animate CC 动画格式。FLA 文件可以在 Animate 认证的软件中进行编辑并编译生成 SWF 文件。所有的原始素材都保存在 FLA 文件中，由于它包含所需要的全部原始信息，所以体积较大。FLA 文件千万不能丢失，否则一切都要重新开始。

● XFL 文件

XFL 是 Adobe 公司推出的一种公开格式的文档。在使用过程中，熟悉项目文件非常重要。例如，微软的 VS 软件所有的项目文档都可以用记事本打开，也就是说所有的项目文档都是文本文档，这样不仅有利于程序的修改，同时也可以与第三方软件兼容。

- SWF 文件

SWF 是一种基于矢量的 Animate CC 动画文件，一般用 Animate 软件创作并生成 SWF 格式文件，也可以通过相应软件将 PDF 等类型文件转换为 SWF 格式。SWF 格式文件广泛用于创建引人注目的应用程序中，因为它包含丰富的视频、声音、图形和动画。SWF 文件是 FLA 文件的编译版本，可以在网页上显示。当用户发布 FLA 文件时，将创建一个 SWF 文件。

- AS 文件

该文件是指 ActionScript 文件，用于将部分或全部 ActionScript 代码放置在 FLA 文件以外的位置。

- MOV 文件

MOV 也称为 QuickTime 格式，是苹果公司开发的一种视频格式，该文件在图像质量和文件大小的处理方面具有很好的平衡性，不仅适用于本地播放，还适合作为视频流在网络中播放。

5. Animate CC 制作动画的基本流程

一部动画的制作如同电影制作一样，无论是何种规模和类型，都可以分为三个步骤：前期策划、创作动画、测试及发布动画。

（1）前期策划

前期策划阶段可分为总体构思阶段和素材搜集阶段。

总体构思阶段主要进行一些准备工作，包括主题的确定、动画脚本的编写、素材的准备等工作。这一阶段实际上是一个创意的过程，如怎样安排故事的情节，怎样进行完美的表现，它最终决定动画制作的质量。

前期的构思，就像是为高楼绘制蓝图，蓝图绘制好后，接下来就要为大楼准备建筑材料了。而这里，我们要准备的是素材。

① 收集素材。收集与作品主题相关的素材，包括文本、图片、声音和影片剪辑等。注意要有针对性、有目的性地搜集，这样不仅可以节约时间和精力，还能有效地缩短动画制作的周期。

② 整理素材。将收集的素材进行合理编辑，使素材能够确切地表达出作品的意境。

（2）创作动画

将准备好的素材导入 Animate CC 中，按照设计要求对素材进行分类使用。这是整个动画制作的主干部分，要把握好各类工具的使用，在舞台和时间轴中排列这些媒体元素，添加各种动画效果等，准确、生动地将作品的主题表达出来。

（3）测试及发布动画

一部动画制作完成后，应多次对其进行测试以验证动画是否按预期设想进行工作，从内容、界面、素材、性能等多个方面查找并解决所遇到的问题。经过检查和优化，确认没有问题后，将其进行发布，以便在网络或其他媒体中使用。通过发布设置，可以将动画导出为 SWF、HTML、GIF、JPEG、MOV 等格式。

一般来说，动画制作的一般流程可归纳为：设计脚本→规划场景→布置舞台→挑选演员→后台补妆→登台亮相。

1.2 Animate CC 2021 工作界面

1. 启动与退出 Animate CC 2021

（1）启动 Animate CC 2021

成功安装了 Animate CC 2021 后，便可以正常启动它，可通过以下两种方法进行操作。

方法一：执行"开始"→"所有程序"→"Animate CC 2021"命令，进入 Animate CC 2021 初始界面，执行菜单"文件"→"新建"命令，可打开如图 1-2 所示的"新建文档"对话框，选取预设样式并单击"创建"按钮，可进入如图 1-3 所示的 Animate CC 2021 操作界面。

图 1-2 "新建文档"对话框

方法二：双击桌面的上 Animate CC 2021 快捷图标可以快速启动该软件。

（2）退出 Animate CC 2021

要退出 Animate CC 2021，可通过以下三种方法进行操作。

方法一：单击标题栏右侧的"关闭"按钮 ✕ 。

方法二：执行菜单"文件"→"退出"命令，可退出 Animate CC 2021。

方法三：按【Ctrl+Q】组合键，可退出 Animate CC 2021。

2. Animate CC 2021 操作界面

启动 Animate CC 2021 后，它的操作界面如图 1-3 所示，包括菜单栏、时间轴、工具栏、舞台和属性面板等。利用 Animate CC 2021 进行动画的设计与制作，通常情况下，是利用工具栏中的工具进行动画元素的创作，利用时间轴安排并控制动画的播放，在属性面板中调整舞台中对象的属性。

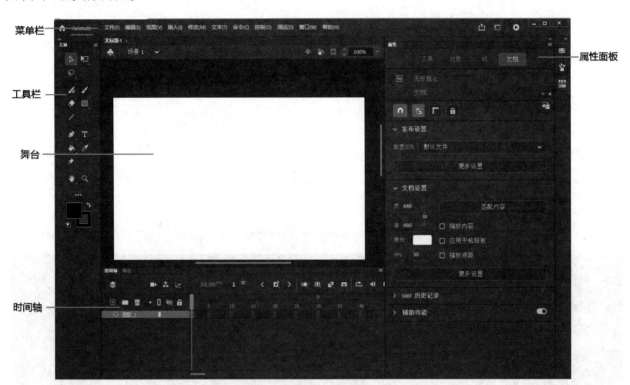

图 1-3　Animate CC 2021 操作界面

（1）菜单栏

菜单栏共包括 11 个菜单，如图 1-4 所示，在编辑文档时，各个菜单有其相应的功能，具体功能简述如下。

文件(F)　编辑(E)　视图(V)　插入(I)　修改(M)　文本(T)　命令(C)　控制(O)　调试(D)　窗口(W)　帮助(H)

图 1-4　菜单栏

- 文件：可以执行新建、打开、保存、关闭和导入、导出等文件操作。
- 编辑：可以执行剪切、复制、粘贴、撤销、清除与查找等编辑操作。
- 视图：可以执行放大、缩小、标尺与网格等有关视图的操作。
- 插入：可以执行插入新元素，如帧、图层、元件、场景等，以及创建补间动画、补间形状、传统补间等操作。

- 修改：可以执行元素本身或元素属性的变换操作，如将位图转换为矢量图，将选中的对象转换为元件等。
- 文本：可以设置与文本有关的属性，如设置字体样式、字母间距与对齐方式等。
- 命令：可以执行与运行程序相关的操作，如管理和运行命令以实现批处理的目的。
- 控制：可以执行影片测试有关的命令，如测试影片、测试场景、播放与静音等。
- 调试：可以调试发现影片中的错误。
- 窗口：可以对窗口、面板及工作区进行管理，如直接复制窗口、显示或隐藏某个面板、选择工作区的模式等。
- 帮助：可以提供工作过程的支持。

（2）时间轴

时间轴是创作动画时使用层和帧来组织和控制动画内容的窗口，层和帧中的内容随时间的改变而发生变化，从而产生动画。时间轴主要由层、帧和播放头组成。时间轴的基本组成如图1-5所示。

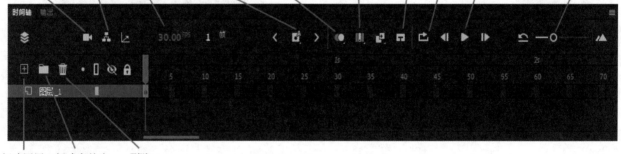

图1-5　时间轴的基本组成

在时间轴面板上，多帧编辑和绘图纸外观模式（洋葱皮模式）是制作动画时最常使用的辅助功能。制作动画时，很多时候都需要参考当前帧与前后帧的内容来辅助处理当前帧的内容，此时就需要采用绘图纸外观模式。绘图纸外观模式可以看到当前帧及其他帧的内容，方便当前帧与前后帧相对照，从而更好地编辑动画。绘图纸外观效果如图1-6所示。

（3）舞台

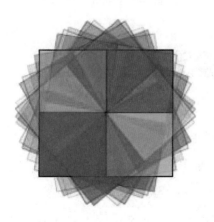

图1-6　绘图纸外观效果

舞台是容纳、包含图层内各种对象的平台，它相当于一块场地，上面可以摆放与动画相关的各种对象或元件。同时，这个场地也是动画播放的舞台，也就是场景。舞台由图层组成，而图层又是由帧组成的。Animate 允许建立一个或多个场景，以此来扩充更多的舞台范围。舞台通常是一个矩形区域，可以调整其大小。为了编辑方便，可以借助"视图"菜单为舞台添加网格、标尺等辅助工具，效果图如 1-7 所示。

图 1-7　添加了网格、标尺的舞台

（4）工具栏

工具栏也称工具面板，一般位于工作界面的左侧。工具栏是 Animate 中最常用的一个面板，包含 Animate 编辑过程中常用的工具，用鼠标单击即可选中其中的工具，操作简便。工具栏如图 1-8 所示。

工具栏中显示的是系统默认的工具。单击工具栏中"编辑工具栏"按钮，打开如图 1-9 所示的拖放工具面板，可将该面板中的工具拖至工具栏，也可将工具栏中的工具拖至该面板。

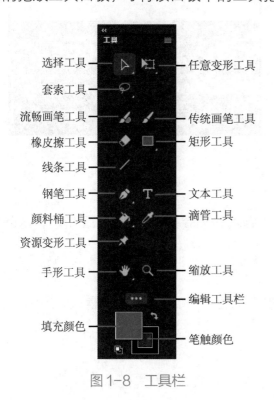

选择工具　　任意变形工具
套索工具
流畅画笔工具　　传统画笔工具
橡皮擦工具　　矩形工具
线条工具
钢笔工具　　文本工具
颜料桶工具　　滴管工具
资源变形工具
手形工具　　缩放工具
　　　　编辑工具栏
填充颜色
　　　　笔触颜色

图 1-8　工具栏

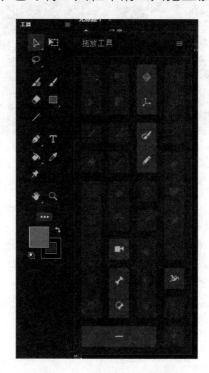

图 1-9　拖放工具面板

（5）常用面板

工作区在传统显示模式下，舞台右侧有几个比较常用的浮动面板，如属性面板、资源面板和库面板等。单击面板的标题栏名称，即可展开该面板；双击该标题栏，可最小化面板。

① 属性面板

属性面板用于显示和修改所选对象的参数，它随着所选对象的不同而变化，如图 1-10 所示。

② 库面板

库面板用于存储和组织在 Animate 中创建的各种元件及导入的文件，包括位图图形、声音文件和视频剪辑等，如图 1-11 所示。

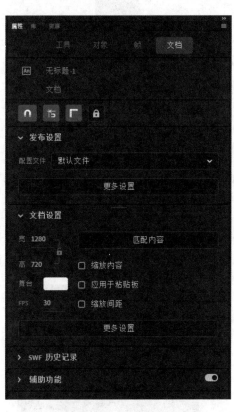

图 1-10　属性面板

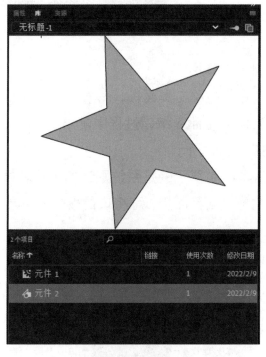

图 1-11　库面板

③ 动作面板

动作面板是主要的"开发面板"之一，是动作脚本的编辑器，如图 1-12 所示，这部分内容在"模块 6 多媒体与脚本交互"中具体讲解。

④ 颜色面板

颜色面板可以创建、编辑"笔触颜色"和"填充颜色"，其默认为 RGB 模式，显示红、绿、蓝的颜色值，如图 1-13 所示。

⑤ 对齐面板

对齐面板主要用于对齐在同一个场景中选中的多个对象，如图 1-14 所示。

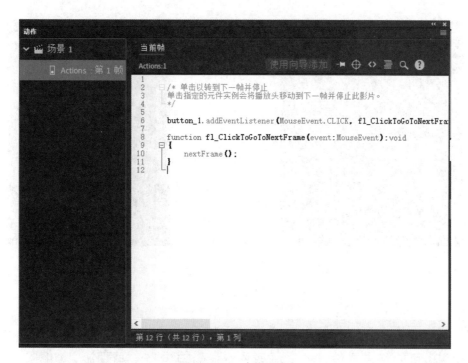

图 1-12　动作面板

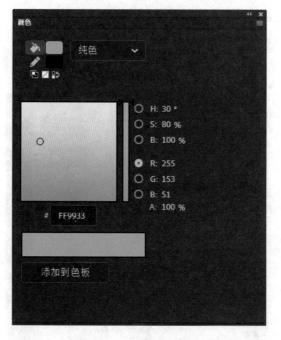

图 1-13　颜色面板

图 1-14　对齐面板

⑥ 信息面板

信息面板可以查看对象的大小、位置、颜色和鼠标指针信息，还可以对其参数进行调整，如图 1-15 所示。

⑦ 变形面板

变形面板可以对选定对象执行缩放、旋转、倾斜、水平翻转、垂直翻转、重制选区和变形等操作，如图 1-16 所示。

图 1-15　信息面板

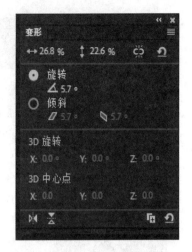

图 1-16　变形面板

⑧　动画预设面板

利用动画预设面板，可以为舞台中的元件添加系统提供的默认动画预设，以实现指定的动画效果。用户也可以将自己设计的动画形式存储为自定义动画预设，如图 1-17 所示。

⑨　资源面板

资源面板类似于资源库，提供了大量的动画、静态素材及声音剪辑等资源，用户可以利用这些资源快速地创建动画。Animate CC 2021 的资源面板可以实现在"自定义"选项中查找、整理和管理资源的功能，如图 1-18 所示。

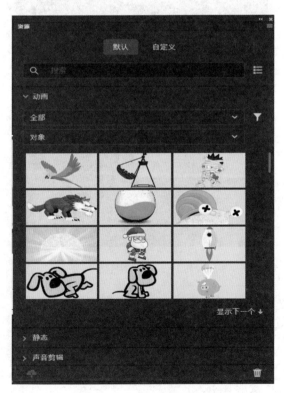

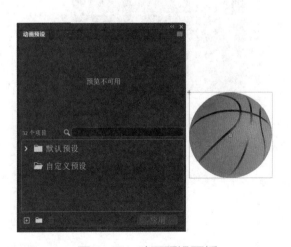

图 1-17　动画预设面板

图 1-18　资源面板

1.3 Animate 动画制作的原理及基本概念

1. 动画制作的原理

物体在快速运动时，当人眼所看到的影像消失后，人眼仍能继续保留其影像 0.1 ~ 0.4 秒，这种现象被称为"视觉暂留"现象。如果两个视觉影像之间的间隔比较短，在一幅画还没有消失前即播放下一幅画，就会给人造成一种流畅的视觉变化效果。

Animate 动画制作的原理就是借助人眼的视觉暂留效应，将一系列静止的画面连续播放从而产生动态的效果。

如图 1-19 所示为一组动作变化的静态图片，如果将其以一定的速度连续播放，就会形成动画视觉效果。

图 1-19 动作变化的静态图片

2. 动画制作的基本概念

动画制作的基本概念包括帧、场景、图层、元件、实例及动作脚本，深入理解这些概念是掌握 Animate 功能的关键。

（1）帧(Frame)

动画（电影）由一幅幅静态的连续的图片所组成，这里称每一幅静态图片为"帧"。一个个连续的"帧"快速切换就形成了一段动画，帧是 Animate 中最小的时间单位。根据帧的作用区分，可以将帧分为以下两类，如图 1-20 所示。

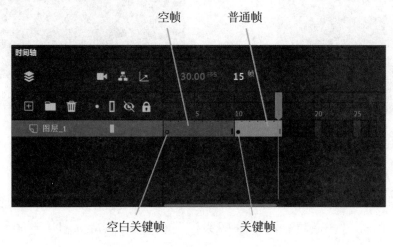

图 1-20 帧的分类

- 普通帧和空帧。
- 关键帧和空白关键帧。

（2）场景(Scene)

电影需要很多场景，并且每个场景的对象不同。与拍电影一样，Animate 可以将多个场景中的动作组合成一个连贯的动画。场景的数量没有限制，可以通过场景面板完成对场景的

图1-21　场景面板

添加/删除操作，并可以拖曳其中各场景的排列顺序以改变播放的先后次序。场景面板如图 1-21 所示。

（3）图层（Layer）

图层可以看成是叠放在一起的透明的胶片，在舞台上一层层地向上叠加。相互叠加在一起的图层形成一定的遮挡关系，上层图像的内容会遮挡下层图像，透过上面图层中没有内容的区域可以看到下面图层中的内容。

图层有两个特点：①除了画有图形或文字的地方，其他部分都是透明的；②图层是相对独立的，修改其中一层，不会影响到其他层。

在 Animate 中打开如图 1-22 所示的图层属性面板，可以看到图层的类型包括一般、遮罩层、被遮罩层、文件夹和引导层。各类图层之间可以方便地进行转换。若将图层转换为"文件夹"类型，图层中的内容将被删除，图层自动转化为层文件夹。

在 Animate 中新建文档后，时间轴面板的图层管理区会自动创建一个"图层_1"的图层，如图 1-23 所示。用户可以在图层管理区编辑和管理图层。

图1-22　图层属性面板

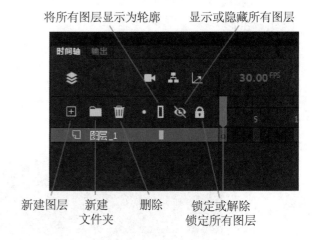

图1-23　图层管理区

（4）元件（Symbol）

元件又称作符号，是指电影里的每一个独立的元素，可以是文字、图形、按钮、电影片段等，就像电影里的演员、道具一样。一般来说，建立一个 Animate 动画之前，先要规划和建立好需要调用的元件，然后在实际制作过程中随时可以使用这些元件。

（5）实例（Instance）

当把一个元件放到舞台或另一个元件中时，就创建了一个该元件的实例，也就是说实例是元件的实际应用，如图 1-24 所示。可以多次调用库中的元件来创建实例，所以元件的运用可以显著减小动画文件的大小，还可以加快动画播放的速度。

元件的实例　　　　　　　　　库中的元件

图 1-24　Animate 中的元件与实例

（6）动作脚本（ActionScript）

ActionScript 是 Animate 的脚本语言，与 JavaScript 相似，ActionScript 是一种面向对象的编程语言。Animate 使用 ActionScript 给电影添加交互性。在简单电影中，Animate 按顺序播放电影中的场景和帧；而在交互电影中，用户可以使用键盘或鼠标与电影进行交互。

案例❶　奔跑的猎豹——动画欣赏与入门

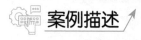 **案例描述**

利用 Animate 基本的动画编辑技巧，制作猎豹在草地上奔跑的效果，如图 1-25 所示。

图 1-25　奔跑的猎豹效果图

案例分析

- 对 Animate 动画有初步的感性认识，梳理在 Animate 中制作动画的基本思路。
- 正确地导入背景和猎豹素材文件，完成素材的基本编辑工作。
- 在 Animate 中保存文件并导出动画。

操作步骤

1. 启动 Animate CC 2021 软件，执行菜单"文件"→"新建"命令，弹出"新建文档"对话框，选择"角色动画"选项卡中的"标准 640×480"预设样式，如图 1-26 所示，单击"创建"按钮。

2. 执行菜单"文件"→"导入"→"导入到舞台"命令，将素材"背景.jpg"导入场景中。打开对齐面板，勾选"与舞台对齐"选项，分别单击"匹配宽和高""水平中齐""垂直居中分布"按钮，设置背景图像与舞台尺寸匹配，如图 1-27 所示。

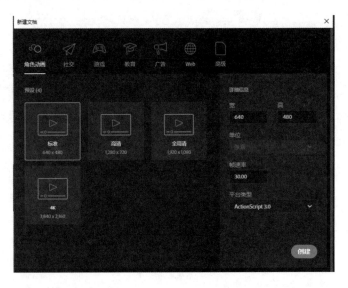

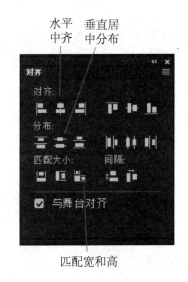

水平中齐　垂直居中分布

匹配宽和高

图 1-26　"新建文档"对话框　　　　图 1-27　对齐面板

3. 执行菜单"文件"→"导入"→"导入到库"命令，将动画素材"猎豹.gif"导入库中，此时舞台、时间轴及库面板如图 1-28 所示。

4. 单击时间轴面板中的"新建图层"按钮，添加"图层_2"。利用"选择工具" ▶，将库中的"猎豹.gif"文件拖入舞台，并调整其大小及位置，如图 1-29 所示。

5. 执行菜单"文件"→"导出"→"导出图像"命令，导出名称为"奔跑的猎豹.jpg"。

6. 执行菜单"文件"→"导出"→"导出影片"命令，导出名称为"奔跑的猎豹.swf"。

7. 执行菜单"文件"→"导出"→"导出视频/媒体"命令，设置格式为"QuickTime"，导出名称为"奔跑的猎豹.MOV"。

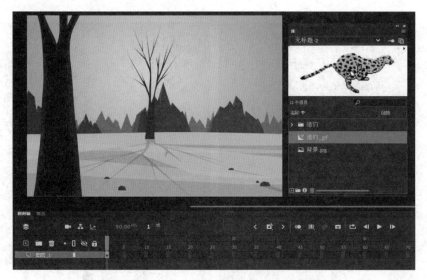

图 1-28 将"猎豹.gif"素材导入库中

图 1-29 将"猎豹.fig"素材拖入舞台

8. 执行菜单"文件"→"另存为"命令，打开"另存为"对话框，选择保存路径，输入文件名"奔跑的猎豹"，然后单击"保存"按钮，文件保存为"奔跑的猎豹.fla"。

1.4 Animate 基本操作

1. 文档的基本操作

（1）创建新文档

启动 Animate CC 2021 后，执行菜单"文件"→"新建"命令或按【Ctrl+N】组合键，弹出"新建文档"对话框。对话框的最上方有"角色动画""社交""游戏""教育""广告""Web""高级"7 个选项卡，不同的选项卡对应不同的预设样式及默认的参数设置，如图 1-30 所示为分别选择"角色动画"和"Web"选项卡后展示的参数设置对话框。用户可以根据需要在相应的预设中选取一种格式创建文档，也可以根据需要自定义参数创建文档。

图 1-30 "角色动画"和"Web"选项卡的参数设置对话框

用户还可以使用模板创建新文档，其方法为：执行菜单"文件"→"从模板新建"命令或按【Ctrl+Shift+N】组合键，在"从模板新建"对话框中的"类别"列表中选择一种类别，在该类别对应的"模板"列表中选择一种模板文档，然后单击"确定"按钮。"从模板新建"对话框如图 1-31 所示。

（2）保存文档

当动画制作完成后，需要对文档进行保存。打开"文件"菜单，如图 1-32 所示，有多种保存文档的方法，下面对几种常用的 Animate 文档的保存方法进行简单介绍。

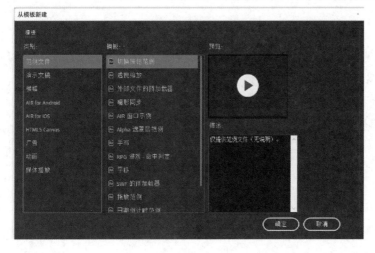

图 1-31 "从模板新建"对话框

图 1-32 "文件"菜单

● "保存"命令

如果是第一次保存文件，则会弹出"另存为"对话框，在确定保存位置、文件名及类型后，单击"保存"按钮即可。如果文件原来已经保存过，则直接选择"保存"命令即可。

● "另存为"命令

该命令可将已经保存的文件以另一个名称或另一个位置进行保存，选择该命令将弹出"另存为"对话框。

● "另存为模板"命令

该命令可以将文件保存为模板，这样就可以将该文件中的格式直接应用到其他文件中，从而形成统一的文件格式。选择该命令后将弹出"另存为模板"对话框，如图1-33所示。

● "全部保存"命令

该命令用于同时保存多个文档，若这些文档曾经保存过，选择该命令后系统会对所有打开的文档再次进行保存；若没有保存过，则系统会弹出"另存为"对话框，然后再逐个进行保存。

（3）打开文档

执行菜单"文件"→"打开"命令或按【Ctrl+O】组合键，可弹出"打开"对话框，如图1-34所示。选择要打开文件的路径，然后选择要打开的文件，单击"打开"按钮即可。

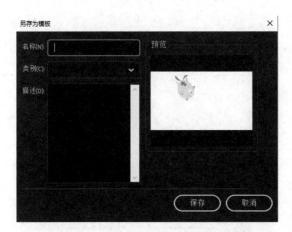

图1-33 "另存为模板"对话框

图1-34 "打开"对话框

（4）关闭文档

执行菜单"文件"→"关闭"命令或按【Ctrl+W】组合键，可以关闭当前文档；在打开的文档标题栏中单击"关闭"按钮▉，也可以关闭当前文档。执行菜单"文件"→"全部关闭"命令或按【Ctrl+Alt+W】组合键，可一次关闭所有文档。

2. 导出文件

动画制作完成之后，可以将制作的动画以影片、视频/媒体、图像、动画等形式导出，以便应用于各种平台并独立播放。打开"文件"菜单，有多种导出方法，如图1-35所示。

（1）导出图像

执行菜单"文件"→"导出"→"导出图像"命令，弹出"导出图像"对话框，如图1-36

所示。选择优化后的文件格式，设置合适的参数，单击"保存"按钮。在打开的"另存为"对话框中输入文件名称，选择保存路径，再次单击"保存"按钮。这样制作完毕的 Animate 动画将被保存为图像文件。

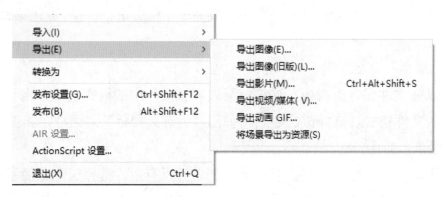

图 1-35 "导出"菜单项

（2）导出图像（旧版）

执行菜单"文件"→"导出"→"导出图像（旧版）"命令，弹出"导出图像（旧版）"对话框，如图 1-37 所示。

图 1-36 "导出图像"对话框

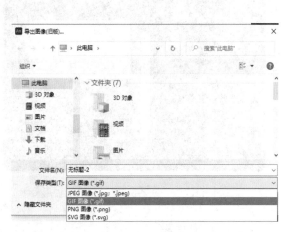

图 1-37 "导出图像（旧版）"对话框

（3）导出影片

执行菜单"文件"→"导出"→"导出影片"命令或按【Ctrl+Alt+Shift+S】组合键，可弹出"导出影片"对话框，如图 1-38 所示。选择文件保存的路径，在"文件名"文本框中输入相应的名称，在"保存类型"下拉列表中选择影片格式，单击"保存"按钮，即可将制作完成的 Animate 动画保存为影片。保存的影片类型包括 SWF 影片、JPEG 序列、GIF 序列、PNG 序列、SVG 序列等。

（4）导出视频/媒体

执行菜单"文件"→"导出"→"导出视频/媒体"命令，弹出"导出媒体"对话框，如图 1-39 所示。

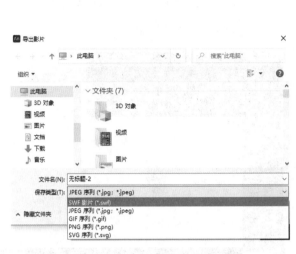

图 1-38 "导出影片"对话框

图 1-39 "导出媒体"对话框

（5）导出动画 GIF

执行菜单"文件"→"导出"→"导出动画 GIF"命令，弹出"导出图像"对话框，如图 1-40 所示。该对话框与如图 1-36 所示的对话框相比，颜色表的下方增加了动画的参数设置，此时导出的对象是 GIF 动画。

（6）将场景导出为资源

选择需要导出的场景，执行菜单"文件"→"导出"→"将场景导出为资源"命令，弹出"导出资源"对话框，如图 1-41 所示。

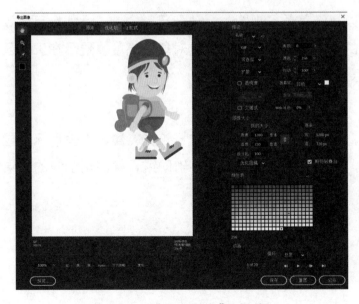

图 1-40 "导出图像"对话框

图 1-41 "导出资源"对话框

场景导出的资源类型系统会自动设置，"标记"文本框用来设置资源搜索的标记语言，设置完成后，单击"导出"按钮，弹出如图 1-42 所示的"导出资源"对话框，导出的资源文件将以".ana"格式进行保存。

如果要将已保存的资源文件导入 Animate 的资源面板中，可以在资源面板中单击"导入资源"按钮（弹出如图 1-43 所示的"导入资源"对话框）进行导入。

图 1-42 "导出资源"对话框　　　　图 1-43 "导入资源"对话框

 知识拓展

标尺、辅助线、网格的使用

在 Animate 中，"标尺""辅助线""网格"和"贴紧"菜单可以帮助用户精确地绘制对象。用户可以在文档中显示辅助线或显示网格，然后设置对象贴紧至辅助线或网格。

1. 标尺的使用

在 Animate 中，若要显示标尺，可以执行菜单"视图"→"标尺"命令，添加标尺的效果如图 1-44 所示。显示在工作区左边的是垂直标尺，用来测量对象的高度；显示在工作区上方的是水平标尺，用来测量对象的宽度。

2. 辅助线的使用

若窗口已显示垂直标尺和水平标尺，可选择工具栏中的"选择工具" ，在垂直标尺或水平标尺上按住鼠标左键并拖动到舞台，可以绘制出垂直或水平辅助线，绘制辅助线的效果如图 1-45 所示。

图 1-44　添加标尺的效果

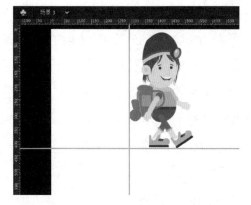
图 1-45　绘制辅助线的效果

执行菜单"视图"→"辅助线"→"编辑辅助线"命令，打开如图 1-46 所示的"辅助线"对话框，可以选择辅助线的颜色，设置是否显示和锁定辅助线及是否贴紧至辅助线。

在辅助线处于解锁状态时，选择工具栏中的"选择工具" ，拖动辅助线可以改变辅助线的位置，拖动辅助线到舞台外可以删除辅助线，也可以执行菜单"视图"→"辅助线"→"清除辅助线"命令删除全部的辅助线。

3．网格的使用

执行菜单"视图"→"网格"→"显示网格"命令，可以显示或隐藏网格线，添加网格的效果如图 1-47 所示。

图 1-46　"辅助线"对话框

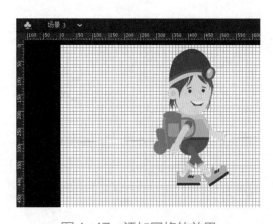
图 1-47　添加网格的效果

执行菜单"视图"→"网格"→"编辑网格"命令，在弹出的"网格"对话框中可设置网格的参数。

≫ 思考与实训 1

一、填空题

1．在 Animate CC 2021 中新建文档的快捷键是_____。

2．在 Animate CC 2021 中打开文档的快捷键是＿＿＿＿＿＿＿＿＿＿。

3．在 Animate CC 2021 中动画的原理是＿＿＿＿＿＿＿＿＿＿＿。

4．在 Animate CC 2021 中打开标尺的菜单是＿＿＿＿＿＿＿＿＿＿。

5．Animate 软件保存的源文件的类型是＿＿＿＿＿＿＿。

6．MOV 也称为 QuickTime 格式，是一种＿＿＿＿＿＿格式。

7．Animate 中的帧一般分为＿＿＿＿＿＿、＿＿＿＿＿＿两大类。

8．一个动画可以由多个场景组成，＿＿＿＿＿＿＿面板中显示了当前动画的场景数量和播放的先后顺序。

9．＿＿＿＿＿＿就像堆叠在一起的多张幻灯片一样，其中都包含一组显示在舞台中的不同图像。

10．Animate CC 2021 的工作界面主要包括菜单栏、＿＿＿＿＿、工具栏、＿＿＿＿＿和属性面板等部分。

二、上机实训

1．上机练习 Animate 文档的新建、保存、打开与关闭操作。

2．熟悉 Animate 的操作界面，能熟练掌握各浮动面板的打开与关闭。

•••• **工具应用**

案例 ② **Animate 图标——绘制基本图形**

案例描述

使用基本的工具，绘制如图 2-1 所示的 Animate 图标。

图 2-1 Animate 图标

案例分析

● 通过使用工具栏中的"矩形工具组""选择工具""变形工具""文本工具"等，完成图标绘制。

● 该案例主要练习工具的用法和图形对象的绘制，以及各元素在舞台上的分布技巧。

操作步骤

1. 新建 Animate 文档，选择"角色动画"选项卡中的"标准"类型，设置舞台大小为"800 × 600"，平台类型为"ActionScript 3.0"。按【Ctrl+S】组合键打开"另存为"对话框，选择保存路径，输入文件名"Animate 图标"，然后单击"保存"按钮，回到工作区。

2．绘制矩形。选择"矩形工具"，设置填充色为红色，按住 Shift 键绘制正方形，如图 2-2 所示。选择"任意变形工具"，双击正方形的黑色边框，按 Delete 键删除边框。

3．绘制内框。选中矩形，执行菜单"编辑"→"复制"命令，再执行"编辑"→"粘贴到当前位置"命令。选择"任意变形工具"，按住 Shift 键向内拖动（如图 2-3 所示），填充色改为黑色，如图 2-4 所示，图标背景绘制完成。

4．绘制字母。单击"文本工具"，在正方形上方输入"An"，在属性面板中设置其大小为96pt，填充色为红色，并调整其位置。选择"任意变形工具"，调整其到合适大小和位置，图标制作完成，如图 2-1 所示。

图 2-2　正方形

图 2-3　内层正方形

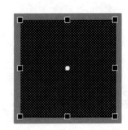

图 2-4　黑色正方形

2.1　工具栏介绍

工具栏是 Animate CC 的重要组成部分，对象的绘制、变换和其他操作基本上都是通过使用各种工具完成的，所以熟练并灵活地掌握工具栏中各种工具的使用是制作二维动画的核心能力之一。

1．基本操作

工具栏默认显示在 Animate CC 工作区的左侧，可以根据个人使用习惯，通过鼠标拖动来改变其布局位置。工具栏的操作主要包括以下几种。

- 显示与关闭：执行菜单"窗口"→"工具"命令或按【Ctrl+F2】组合键，可以显示或关闭工具栏。
- 宽度调整：因为工具很多，默认工具栏比较高，一列工具不能完全显示或者觉得工具栏太长，选择其中的工具不方便时，可以将工具栏拉宽一些，方法是拖动工具栏的边框使其变宽，工具会自动排列成两列或更多列。

2．功能布局

使用工具栏中的工具可以绘图、上色、选择和修改插图，并可以更改舞台的视图。根据工具栏中工具功能的不同，Animate CC 对其进行了分区（用一条细线隔开），从上到下依次是"选择工具组""绘图工具组""填充与轮廓工具组""视图工具组""颜色设置区""选项区"6

个部分，如图 2-5 所示。

- 选择工具组：包括对象的选择、部分选取、套索
  和变形等工具。
- 绘图工具组：包括画笔、钢笔、图形等各种绘图
  工具。
- 填充与轮廓工具组：包含用于给对象进行填充和
  描边的工具。
- 视图工具组：包含在应用程序窗口内进行缩放和
  平移的工具。
- 颜色设置区：包含用于笔触颜色和填充颜色的功
  能按钮。
- 选项区：包含用于当前所选工具的一些选项。

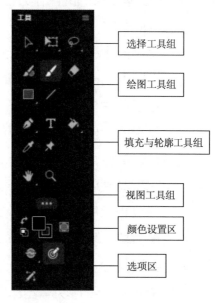

图 2-5 "工具栏"分区

2.2 选择工具组

1. 选择工具

"选择工具"是 Animate CC 中使用频率最高的工具，它的主要功能是选择对象、移动对象、编辑线条、平滑/伸直对象等，如图 2-6 所示。

普通状态　　　　选择对象　　　　移动对象　　　　编辑线条　　　　平滑对象

图 2-6 "选择工具"功能

（1）"选择工具"的功能按钮

"选择工具"无对应的属性面板，只有两个功能按钮，分别为"平滑""伸直"按钮 ，
各功能按钮的作用如下。

- 平滑按钮：可以使线条或填充的边缘接近于弧线。用"选择工具"选择图形后，多
  次单击"平滑"按钮，可以使图形接近于圆形。
- 伸直按钮：可以使线条或填充的边缘接近于折线。用"选择工具"选择图形后，多
  次单击"伸直"按钮，可以使弧线变成折线。

（2）"选择工具"的操作方法

① 选择对象

● 绘制一个图形后，在工具栏中选择"选择工具"，单击图形对象的边缘部位，可以选择图形的一条边；双击图形对象的边缘部位，可以选中该对象的所有边。

● 在工具栏中选择"选择工具"，单击图形对象的填充部位，可以选择图形的填充部分；双击图形对象的填充部位，可以同时选择图形的线条和填充部分；在舞台的空白处单击鼠标可以取消选择。

● 在工具栏中选择"选择工具"，在舞台中单击并拖曳，覆盖需要选择的图形对象后，释放鼠标即可选中图形对象。此方法可以同时选中多个对象，若要选择舞台中的全部对象，可以执行菜单"编辑"→"全选"命令或按【Ctrl+A】组合键。

● 在工具栏中选择"选择工具"，按住 Shift 键的同时逐个单击对象，可以同时选中多个对象，若再次单击已选中的对象，即可取消对该对象的选取。

此外，若所选的对象为文本、群组、元件或位图等，使用"选择工具"直接单击该对象即可将其全部选择。选择上述类型的对象后，其四周都会出现一个外边框，通过这些外边框，可以很轻松地知道所选对象的类型，如图 2-7 所示。

文本　　　　　　　群组　　　　　　　元件实例　　　　　　位图

图 2-7　选定不同对象的外边框

② 移动对象

● 在工具栏中选择"选择工具"，选中一个或多个对象，将鼠标指针移至对象上，按住左键并拖动鼠标，移到目标位置释放鼠标即可。

● 在工具栏中选择"选择工具"，选中一个或多个对象，按键盘上的上、下、左、右方向键，分别可以向上、向下、向左、向右移动。按一下方向键，对象移动一个像素，若按 Shift 键的同时按方向键移动对象，按一下方向键可移动 8 个像素。

需要注意的是，当移动两个叠加在一起的图形中的其中一部分时，移动后，原本被覆盖的部分会被剪掉，如图 2-8 所示。而当移动两个叠加在一起的元件时，移动后，原本被覆盖的部分不变，如图 2-9 所示。

③ 复制对象

在工具栏中选择"选择工具"，按住 Ctrl 键的同时单击并拖动对象，移到目标位置后释放鼠标，然后释放 Ctrl 键即可。

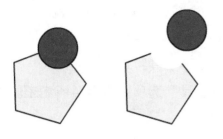

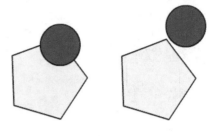

图 2-8　移动重叠图形效果　　　　图 2-9　移动重叠元件效果

④ 变形对象

在工具栏中选择"选择工具"，在没有选择图形的情况下，将鼠标指针移至图形的边角上时，指针会变成⌐形状，这时单击鼠标并拖曳，即可实现对象边角的变形操作；将鼠标指针移至图形的边线上时，指针变成⌐形状，这时单击鼠标并拖曳，即可实现对象边线的变形操作，如图 2-10 所示。

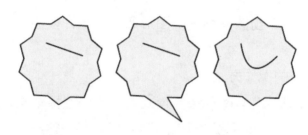

图 2-10　变形图形效果

2. 部分选取工具 ⌐

选择工具栏中的"部分选取工具" ⌐ 或按 A 键，即可调用该工具。"部分选取工具"除了可以像"选择工具"那样选取并移动对象，主要用于对图形对象进行变形处理。当图形对象被"部分选取工具"选中后，它可以使图形对象以锚点的形式显示，然后通过移动锚点或方向线来修改图形的形状，如图 2-11 所示。

普通状态　　　　　　选择边框　　　　　　编辑节点　　　　　　移动边框

图 2-11　"部分选取工具"功能效果

3. 任意变形工具

单击工具栏中的"任意变形工具" ▦ 或按 Q 键，即可调用该工具。使用"任意变形工具"

027

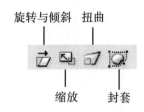

旋转与倾斜　扭曲

缩放　封套

图 2-12　"任意变形工具"功能按钮

可以对选择的一个或多个对象进行各种变形操作，如旋转与倾斜、缩放、扭曲和封套等。

（1）"任意变形工具"功能按钮

"任意变形工具"选项区中有 4 个按钮，如图 2-12 所示。

- "旋转与倾斜"按钮🔄：单击该按钮后，只能对图形进行旋转和倾斜操作。在进行倾斜操作时，鼠标指针应位于控制点上，而非控制线上。
- "扭曲"按钮🔲：单击该按钮后，只能对图形进行扭曲操作，用来增强图形的透视效果。
- "缩放"按钮🔳：单击该按钮后，只能对图形进行缩放操作。将鼠标指针移至四角的控制点上，当其变为双向箭头时按住左键并拖动鼠标，可以等比例缩放图形。
- "封套"按钮🔳：单击该按钮后，图形四周出现许多控制点，用于对图形进行复杂的变形操作。

（2）"任意变形工具"的操作方法

在使用"任意变形工具"时有两种选择模式：一是先选择对象，然后再选择工具栏里的"任意变形工具"🔳变形；另一种是先选取工具栏中的"任意变形工具"，然后再选择对象进行变形。使用时可根据实际需要进行操作。

使用"任意变形工具"操作时，可灵活使用选项区中的功能按钮，实现对应的变形效果。

① "缩放"和"旋转与倾斜"命令可以对所有的图形对象进行操作，变形效果如图 2-13 所示。

② "扭曲"和"封套"命令只能针对矢量图形进行操作，变形效果如图 2-14 所示。

  　　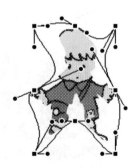

图 2-13　"缩放"和"旋转与倾斜"效果　　　　图 2-14　"扭曲"和"封套"效果

需要注意的是：

- "任意变形工具"不能变形元件、位图、视频对象、声音、渐变或文本。如果多项选区包含以上任意一项，则只能扭曲形状对象。要将文本块变形，首先要将字符转换成形状对象。

- 对物体进行变形操作，除了可以使用变形工具，还可以使用变形面板。

4. 套索工具

"套索工具"和 Photoshop 的套索工具功能相似。在 Animate 中，"套索工具"有三种模式："套索工具"模式、"多边形工具"模式及"魔术棒"模式。对于矢量图形，可以使用"套索工具"或者"多边形工具"选取方式进行选择；对于打散的位图，除了可以使用"套索工具"和"多边形工具"选取方式，还可以使用"魔术棒"选取方式。套索工具操作方法如下：

（1）"套索工具"模式

使用"套索工具"模式选取图形时，首先调用"套索工具"，此时舞台中的鼠标指针变成了形状，按住左键并拖动，即可选定图形的某一区域，该区域是沿鼠标轨迹绘制而成的不规则的平滑区域。

（2）"多边形工具"模式

选择"套索工具"后，在其选项区中单击"多边形工具"按钮，然后在舞台上通过单击绘制选区即可，该区域是将各个顶点之间用直线连接起来所绘制的直边选择区域。

（3）"魔术棒"模式

"魔术棒"模式一般用于选择位图中相邻及相近的像素颜色。在使用时，首先单击"魔术棒"按钮，然后将鼠标指针移至分离的位图上，鼠标指针会变成魔术棒的形状，单击后即可选中与单击位置颜色相同或相近的区域。

图 2-15 魔术棒属性面板

使用"魔术棒"选取方式时，还可以使用魔术棒属性面板进行选取设定，如图 2-15 所示。

魔术棒属性面板中各个选项的含义如下：

- 阈值：在该数值框中输入数值，可以定义选择范围内相邻或相近像素颜色值的相近程度，数值越大，选择的范围就越大。
- 平滑：该下拉列表框用于设置选择区域的边缘平滑程度。

2.3 绘图工具组

1. 线条工具

"线条工具"用于绘制直线。单击工具栏中的"线条工具"按钮或按快捷键 N，即可调用该工具。

（1）设置"线条工具"属性

选择"线条工具"后，在属性面板中可以设置线条的宽度和样式、笔触的颜色和大小等，如图 2-16 所示。

线条工具属性面板的设置选项含义如下。

- 笔触：设置笔触的颜色（注：无法为线条工具设置填充颜色）。
- 笔触大小：可以自由设定线条的宽度。
- 样式：单击"样式"，可以选择所需要的线条样式，如图 2-17 所示。Animate 中有"极细线""实线""虚线""点状线""锯齿线""点刻线""斑马线" 7 种笔触样式，可以选择某一类型，对其分别进行属性设置。

图 2-16　线条工具属性面板

图 2-17　线条样式

a. 实线：最适合于在 Web 上使用的线型。

b. 虚线：带有均匀间隔的实线。短线和间隔的长度可以调整。

c. 点状线：绘制的直线由间隔相等的点组成。与虚线有些相似，但点状线只有点的间隔距离可调整。

d. 锯齿线：绘制的直线由间隔相等的粗糙短线构成。它的粗糙程度可通过图案、波高和波长进行调整。

e. 点刻线：绘制的直线可用来模拟艺术家手刻的效果。点刻的品质可通过点大小、点变化和密度进行调整。

f. 斑马线：绘制复杂的阴影线，可以精确模拟艺术家手绘的阴影线，产生无数种阴影效果。它可能是 Animate 绘图工具中复杂性最高的操作，调整它的参数有粗细、间隔、微动、旋转、曲线和长度。

- 缩放：决定对象在被缩放的时候线条的缩放状态，选项有"一般""水平""垂直""无"，以此来决定线条随着哪个方向上的缩放比例进行缩放。
- 端点 ▯ ▯ ▯：设定路径起点和终点的样式，有"平头端点""圆头端点""矩形端点" 3 个选项，如图 2-18 所示。绘制时，可以在绘制线条之前设置好线条属性，也可以在绘制完成后再修改线条的属性。

（2）"线条工具"的操作方法

将鼠标移至舞台上，按住左键并拖动，然后松开鼠标，一条直线就绘制好了。若在绘制过程中按住 Shift 键，可绘制 45° 角的直线。

在使用"线条工具"时，常选择不同的笔触类型以绘制出各式各样的线条，如图 2-19 所示的图形就是使用不同类型的笔触绘制的。

| a）平头端点 | b）圆头端点 | c）矩形端点 | 直线 | 斜 45° 直线 | 闭合直线 |

图 2-18　"端点"类型　　　　　图 2-19　使用不同类型的笔触绘制的图形

2. 图形工具

在默认情况下，Animate 工具栏中只显示"矩形工具" ▢。在工具栏中单击"矩形工具"并按住鼠标不放，便会弹出"图形工具"下拉工具列表，该列表包含了 5 个常用工具，分别为"矩形工具" ▢、"基本矩形工具" ▢、"椭圆工具" ●、"基本椭圆工具" ● 和"多角星形工具" ⬡。这些工具主要用于绘制基本几何图形，如圆形、长方形、扇形、星形和多边形等。

（1）矩形工具 ▢

"矩形工具"可用于绘制矩形、正方形、圆角矩形、圆角正方形等。在工具栏中选择"矩形工具" ▢ 或按 R 键，即可调用该工具。

① 设置"矩形工具"属性

矩形工具属性面板如图 2-20 所示。在该面板中，笔触颜色、笔触大小、笔触样式、端点等参数与线条工具属性面板中的相应选项含义是相同的。此外，"填充颜色"用来设置所画图形的填充色，面板下方的"矩形边角半径"参数常用于绘制圆角矩形。

② "矩形工具"的操作方法

● 绘制矩形

选择"矩形工具"后，将鼠标指针置于舞台中，就会变为十字形状，单击并拖动鼠标即可以单击处为起点绘制一个矩形；若拖动鼠标时按住 Alt 键不放，则可以单击处为中心进行绘制。

● 绘制正方形

选择"矩形工具"后，按住 Shift 键不放可以绘制正方形；若拖动鼠标时按【Shift+Alt】

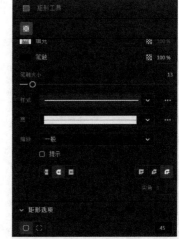

图 2-20　矩形工具属性面板

组合键，则可以单击处为中心绘制正方形。

● 绘制圆角矩形

可以在矩形工具属性面板中对"矩形边角半径"参数进行设置，以绘制出圆角矩形或其他圆角图形。当处于"矩形边角半径"状态时，只设置一个边角半径的参数，则所有边角半径的参数都会随之进行调整；当处于"单个矩形边角半径"状态时，可以对矩形的 4 个边角半径的参数值分别进行设置。如图 2-21 所示的图形就是在不同的矩形边角半径下绘制的。

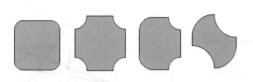

图 2-21　不同矩形边角半径绘制的图形效果

需要注意的是：使用矩形工具绘制圆角矩形时，必须在绘制之前进行圆角的设置。

（2）基本矩形工具▢

"基本矩形工具"常用于绘制圆角矩形。在"图形工具"的下拉工具列表中选择"基本矩形工具"按钮▢或按【Shift+R】组合键，即可调用该工具。

"基本矩形工具"的属性面板与"矩形工具"的属性面板相同，各个参数的含义也一样，这里不再赘述。

使用"基本矩形工具"绘制矩形的方法和"矩形工具"相同，只是在绘制完毕后矩形的四个角上会出现四个圆形的控制点，使用"选择工具"拖动控制点可以调整矩形的圆角半径。

若要在使用"基本矩形工具"拖动时更改角半径，则可按键盘上的向上方向键或向下方向键，当圆角达到所需弧度时，松开键即可。

（3）椭圆工具◯

"椭圆工具"用于绘制椭圆、正圆等图形。在"图形工具"的下拉工具列表中选择"椭圆工具"按钮◯或按 O 键，即可调用该工具。

① 设置"椭圆工具"属性

"椭圆工具"对应的属性面板和"矩形工具"的类似，选择"椭圆工具"后可在属性面板中进行设置，包括"开始角度""结束角度""内径""闭合路径"等参数，如图 2-22 所示。

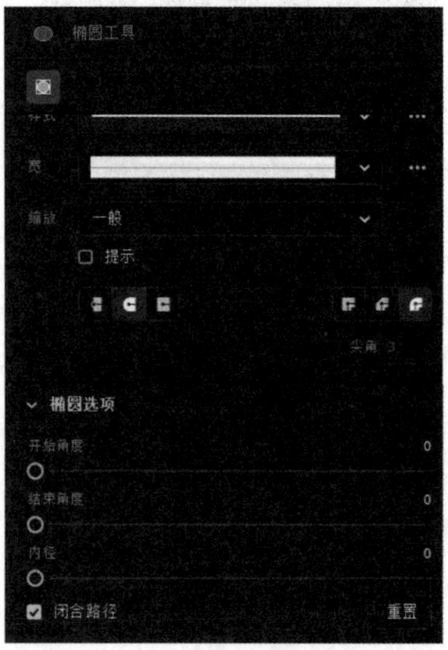

椭圆工具属性面板设置选项的含义如下：

开始角度：表示椭圆开始的角度，常用于绘制扇形。

结束角度：表示椭圆结束的角度，常用于绘制扇形。

内径：表示绘制的椭圆内径，常用于绘制圆环。

☑闭合路径：在设定了起始角度与结束角度后，当勾选该复选框时，绘制的是闭合的路径图形，反之绘制曲线条。

② "椭圆工具"的操作方法

● 绘制基本椭圆

图 2-22　椭圆工具属性面板

绘制椭圆的方法和绘制矩形的方法类似，选择"椭圆工具"

后，将鼠标指针移至舞台，单击并拖动鼠标即可绘制出一个椭圆，若绘制时按住 Alt 键不放，则可以单击处为圆心绘制椭圆。

● 绘制正圆

若绘制时按住 Shift 键不放，可以绘制出一个正圆；若绘制时按住【Alt+Shift】组合键不放，则可以单击处为圆心绘制正圆。

● 绘制扇形、圆环

在绘制椭圆时，如果我们设定了起始角度与结束角度值，可以绘制扇形；如果设定了内径值，可以绘制圆环，如图 2-23 所示。

图 2-23　"椭圆工具"绘制的图形

（4）基本椭圆工具

"基本椭圆工具"常用于绘制扇形、圆环等。在"图形工具"的下拉工具列表中选择"基本椭圆工具"　或按【Shift+ O】组合键，即可调用该工具。

"基本椭圆工具"的属性面板与"椭圆工具"的相同，各个参数的含义也一样，这里不再赘述。

使用"基本椭圆工具"绘制椭圆的方法和"椭圆工具"相同，只是在绘制完毕后，椭圆上多出两个圆形的控制点，使用"选择工具"拖动控制点可以对椭圆的开始角度、结束角度和内径分别进行调整。

（5）多角星形工具

"多角星形工具"用来绘制规则的多边形和星形。在"图形工具"的下拉工具列表中选择"多角星形工具"　，即可调用该工具。

①设置"多角星形工具"属性

"多角星形工具"的属性面板与"线条工具"的属性面板相似，如图 2-24 所示。在使用该工具前，需要对其属性进行相关设置。单击"工具选项"按钮，如图 2-25 所示，对参数进行设置，以绘制出需要的形状。

● 样式：用于设置绘制图形的样式，有"多边形"和"星形"两种类型可供选择。

● 边数：用于设置绘制的多边形或星形的边数。

● 星形顶点大小：用于设置星形顶角的锐化程度，数值越大星形顶角越圆滑，数值越小星形顶角越尖锐。该参数的取值范围为 0~1，值越大顶点的角度就越大，值越小顶点的角度就越小。当输入的值超出其取值范围时，系统会自动以 0 或 1 来取代超出的数值。

图 2-24　多角星形工具属性面板　　　　图 2-25　工具选项

② "多角星形工具"的操作方法

● 绘制多边形

下面通过绘制一个六边形为例来说明使用"多角星形工具"绘制多边形的操作方法。

a．在工具栏中选择"多角星形工具"，打开属性面板，设置"笔触颜色"为"黑色（#000000）"，"填充颜色"为"红色（#FF0000）"，调节"笔触高度"。

b．单击"工具选项"按钮，在"样式"下拉列表中选择"多边形"选项，在"边数"数值框中输入"6"，"星形顶点大小"设置为"0.5"。

c．将鼠标指针移至舞台中，鼠标指针变为十字形状，单击左键并拖动可绘制出一个规则的六边形，如图 2-26 所示。

● 绘制星形

绘制星形的方法与绘制多边形是一致的，不同的是在绘制星形前应在工具选项面板中的"样式"下拉列表中选择"星形"。

如图 2-27 所示的六角星就是在"星形顶点大小"的值分别为 0、0.5、1 时绘制出来的。

图 2-26　六边形　　　　　　　图 2-27　六角星

3. 传统画笔工具

"传统画笔工具"可以在画面上绘制出具有一定笔触效果的特殊填充，就像在涂色一样。

选择工具栏中的"传统画笔工具" ，或按 B 键，即可调用该工具。

（1）设置"传统画笔工具"属性

在使用"传统画笔工具"之前，需要对其属性进行相关设置，如图 2-28 所示，主要是调整颜色和平滑度。这里的颜色是指填充颜色，使用该工具绘制出来的图形是没有笔触颜色的。

（2）"传统画笔工具"的操作方法

"传统画笔工具"的使用方法与"铅笔工具"相似，将鼠标指针移至舞台，按住左键拖动即可进行绘制。注意在绘制之前，应选择合适的刷子模式。

单击选项区中的"画笔模式"按钮 ，在弹出的下拉列表中包含了"标准绘画""颜料填充""后面绘画""颜料选择""内部绘画"5 种模式。

- 标准绘画：笔刷的默认设置，笔刷经过的地方，线条部位和填充全部被笔刷填充所覆盖。
- 颜料填充：笔刷只将鼠标经过的填充部位进行覆盖，对线条不起作用。
- 后面绘画：笔刷不覆盖鼠标经过的矢量图形，只在同层舞台的空白区域涂色。
- 颜料选择：笔刷只能对当前被选择的矢量图形起作用。
- 内部绘画：笔刷只对鼠标单击的闭合填充区域起作用，对其他区域不起作用，这对于上色操作非常有用。若起始点在空白区域，则只能在这块空白区域内上色；若起始点在图形内部，则只能在覆盖图形内部上色。

选择不同的画笔模式可以绘制出不同的图形效果，如设定当前填充色为红色（#CC0000），定义合适的笔刷形状与大小，对一副带有黑色描边的矢量图进行各类笔刷模式的绘制，对比效果如图 2-29 所示。

图 2-28　传统画笔工具属性面板

正常状态图片　　标准绘画　　颜料填充

后面绘画　　颜料选择　　内部绘画

图 2-29　各类画笔模式效果

4. 流畅画笔工具

Adobe Animate 引入了基于 GPU 的"流畅画笔工具"，它具有更多用于配置线条样式的选项，此类画笔工具基于 GPU，因此在受支持的平台上具有更高的性能。

除了能够配置大小、锥度、角度和圆度，该工具还提供以下选项（如图 2-30 所示）：

● 稳定器：在绘制笔触时可避免轻微的波动和变化。

● 曲线平滑：有助于减少在绘制笔触后生成的总体控制点数量。

5. 橡皮擦工具

"橡皮擦工具"就像现实中的橡皮擦一样，用于擦除舞台的矢量图形。单击工具栏中的"橡皮擦工具"按钮 或按 E 键，即可调用该工具。橡皮擦工具属性面板如图 2-31 所示。

图 2-30　流畅画笔工具属性面板

图 2-31　橡皮擦工具属性面板

（1）水龙头 模式

水龙头模式用来清除所有与单击区域相连的线条和填充，在进行大范围编辑时经常使用。使用方法是：单击橡皮擦功能区中的"水龙头"按钮，将鼠标指针移至舞台上，待其变为水龙头形状时，在图形的线条或填充上单击，即可将整个线条或填充删除。

需要注意的是：双击工具栏中的"橡皮擦工具"，可以擦除舞台上的所有未锁定的可见对象，包括线条、填充、位图、群组和实例等。

（2）橡皮擦类型

可在橡皮擦的功能选项区中修改橡皮擦的形状与大小。在"橡皮擦类型"下拉列表中，系统预设了如图 2-32 所示的形状。

（3）橡皮擦模式

单击"橡皮擦工具"选项区中的"橡皮擦模式"按钮，弹出的下拉列表中包含了 5 种橡皮擦模式，分别为"标准擦除""擦除填色""擦除线条""擦除所选填充""内部擦除"模式，如图 2-33 所示。选择不同的模式擦除图形，会得到不同的效果，如图 2-34 所示。

● 标准擦除：为默认的模式，可以擦除橡皮擦经过的所有矢量图形。

- 擦除填色：选择该模式后，只擦除图形中的填充部分而保留线条。
- 擦除线条：该模式和"擦除填色"模式的效果相反，保留填充而擦除线条。
- 擦除所选填充：选择该模式后，先选择选区，只擦除选区内的填充部分。
- 内部擦除：选择该模式后，只擦除橡皮擦落点所在的填充部分。

图 2-32　橡皮擦类型

图 2-33　橡皮擦模式

正常模式	标准擦除	擦除填色	擦除线条	擦除所选填充	内部擦除

图 2-34　各类擦除模式效果

 案例❸　**勤劳的小蜜蜂——图形选择与修饰**

案例描述

使用工具栏中的相关工具，绘制如图 2-35 所示的"勤劳的小蜜蜂"。

图 2-35　勤劳的小蜜蜂

案例分析

- 通过使用工具栏中的"选择工具""钢笔工具"及"颜料桶工具"等，完成复杂图形的绘制。
- 该案例主要练习动物轮廓等图形对象的绘制，以及创建复杂线条和对图形进行精确修饰的技巧。

操作步骤

1．新建 Animate 文档，按【Ctrl+S】组合键打开"另存为"对话框，选择保存路径，输入文件名"勤劳的小蜜蜂"，然后单击"保存"按钮，回到工作区。

2．将图层_1 重命名为"脸"。在工具栏中选择"椭圆工具"，设置"笔触颜色"为"无"，"填充颜色"为"黑色"，在舞台中按住 Shift 键绘制一个正圆。用同样的方法，分别绘制填充色为白色和黄色的两个正圆，调整三个正圆的位置，如图 2-36 所示。

3．在工具栏中选择"椭圆工具"，绘制蜜蜂的眼睛，如图 2-37 所示。

4．在工具栏中选择"直线工具"，设置"笔触大小"为"1"，绘制蜜蜂的嘴巴，如图 2-38 所示。选择"选择工具"，对直线进行调整，如图 2-39 所示。

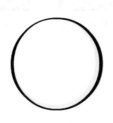   

图 2-36　脸部轮廓　　图 2-37　绘制眼睛　　图 2-38　绘制嘴巴　　图 2-39　调整直线

5．在工具栏中选择"钢笔工具"，设置"笔触颜色"为"黑色"，"笔触大小"为"1"，绘制如图 2-40 所示轮廓，并填充黑色。选择该填充图形，按 Alt 键拖动复制该图形，将其填充色改为橘黄色（#FF8812），使用"任意变形工具"调整其大小、位置，如图 2-41 所示。

6．重复步骤 5 的操作，完成小蜜蜂头部的绘制，如图 2-42。

图 2-40　绘制图形　　　图 2-41　调整后效果　　　图 2-42　头部效果

7．新建图层，命名为"触角"。在工具栏中选择"钢笔工具"，设置"笔触颜色"为"黑色"，"笔触大小"为"1"，在舞台中绘制蜜蜂触角轮廓，并填充黑色。在工具栏中选择"椭圆工具"，设置"笔触颜色"为"无"，"填充颜色"为"白色"，绘制触角中的椭圆图形，拖曳至合适位置，如图 2-43 所示。

8．使用"选择工具"，按住 Shift 键选择触角和绘制的椭圆图形，按【Ctrl+D】组合键复制触角，执行菜单"修改"→"变形"→"水平翻转"命令，调整其大小、位置，如图 2-44 所示。

图 2-43　绘制左侧触角　　　　　　图 2-44　绘制右侧触角

9．新建图层，命名为"身体"。在工具栏中选择"钢笔工具"，设置"笔触颜色"为"黑色"，"笔触大小"为"1"，绘制如图 2-45 所示轮廓，并填充黑色。按【Ctrl+D】组合键复制身体，将其填充色改为黄色（#FDF21C），使用"任意变形工具"调整其大小、位置，如图 2-46 所示。

10．新建图层，命名为"尾巴"。重复步骤 9 的操作，完成小蜜蜂尾巴的绘制。选择"钢笔工具"，绘制尾巴上的条纹，并填充橘黄色（#FF8812），如图 2-47 所示。

11．新建图层，命名为"手"。重复步骤 5 的操作，完成小蜜蜂手的绘制，如图 2-48 所示。

图 2-45　绘制身体轮廓　　图 2-46　绘制身体　　图 2-47　绘制尾巴　　图 2-48　绘制手

12．新建图层，命名为"翅膀"。将该图层移至底层，在工具栏中选择"钢笔工具"，设置"笔触颜色"为"黑色"，"笔触大小"为"1"，绘制如图 2-49 所示轮廓，并填充黑色。按【Ctrl+D】组合键复制 2 个新图形，分别将其填充色改为白色（#FFFFFF）、黄色（#FDF21C），使用"任意变形工具"调整其大小、位置，如图 2-50 所示。

13．使用同样的方法绘制其他翅膀图形，如图 2-51 所示。

14．按【Ctrl+S】组合键保存文件，按【Ctrl+Enter】组合键测试影片。

图 2-49　绘制翅膀轮廓　　　图 2-50　绘制翅膀　　　图 2-51　小蜜蜂

2.4　填充与轮廓工具组

1. 钢笔工具 ✎

"钢笔工具"又叫"贝塞尔曲线工具"，是许多绘图软件广泛使用的一种重要工具，可以对绘制的图形进行非常精确的控制，对绘制的节点、节点的方向点等都可以很好地进行控制，因此"钢笔工具"适合于需要精准绘制的设计人员。选择工具栏中的"钢笔工具"✎或按 P 键，即可调用该工具。

（1）设置"钢笔工具"属性

选择"钢笔工具"，展开钢笔工具属性面板，如图 2-52 所示，可以设置笔触大小、颜色及样式等参数。

（2）"钢笔工具"操作方法

① 用"钢笔工具"绘制线条

使用"钢笔工具"可以绘制出非常复杂的线条效果。如果在舞台上的各个地方单击，那么各个单击点会依次连接，形成一条折线，如图 2-53 所示；如果将单击改成按住左键拖动，即可创建曲线，如图 2-54 所示；按 Esc 键结束绘制。

图 2-52　钢笔工具属性面板

在按住左键拖动时，开始拖动的位置将形成"控制点"，像一个钉子一样将曲线钉住，不管以后怎么调整，曲线一定会经过这个点；拖动之后就会出现"控制柄"，它决定了曲线的走向，如图 2-55 所示。释放鼠标后，若要再次调整"控制柄"的方向，可按住 Ctrl 键；此外，按住 Alt 键可以调整单一方向的"控制柄"。

  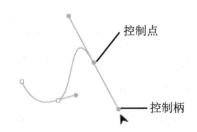

图 2-53　创建折线　　　图 2-54　创建曲线　　　图 2-55　对曲线的分析

② 编辑路径节点

"钢笔工具"除了具有绘制图形的能力，还可以进行路径节点的编辑工作，如图 2-56 所示；同时，使用"钢笔工具"创建的线条还可以使用"部分选取工具" ▶ 进行调整。两种工具配合使用，能够创建出复杂、丰富的图形效果。

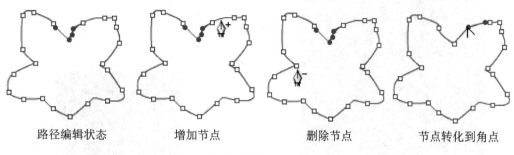

| 路径编辑状态 | 增加节点 | 删除节点 | 节点转化到角点 |

图 2-56　路径节点的编辑

③ 添加、删除、转换锚点

添加锚点可以更好地控制路径，也可以扩展开放路径。但是，点越少的路径越容易编辑、显示和打印。因此，最好不要添加不必要的锚点，从而降低路径的复杂性。

工具栏提供了 3 种锚点编辑工具："添加锚点工具""删除锚点工具"和"转换锚点工具"，如图 2-57 所示。在对锚点进行编辑时，先使用"部分选取工具"选中需要编辑的线条，使其处于编辑状态。

图 2-57　锚点编辑工具

当需要添加或删除锚点时，直接选择相应的锚点编辑工具在线条锚点上单击，即可完成锚点的添加或删除。"转换锚点工具"可将编辑对象中的平滑点转换为转角点，也可以反过来操作。选择"转换锚点工具"，单击锚点，即可将平滑点转换为转角点；在转角点处按住左键拖曳，即可将转角点转换为平滑点。

特别说明：不要使用 Delete 键、Backspace 键，或"编辑"→"剪切"命令或"编辑"→"清除"命令来删除锚点，这些键和命令会删除点以及与之相连的线段。

2. 颜料桶工具 ▣

填充功能是 Animate 中比较复杂的一个功能，"颜料桶工具"可以对封闭的区域填充颜色，也可以对已有的填充区域进行修改。单击工具栏中的"颜料桶工具" ◇ 或按 K 键，即可调用该工具。

（1）设置"颜料桶工具"属性

"颜料桶工具"的属性面板与"墨水瓶工具"的属性面板相同，但是"颜料桶工具"只有一个"填充按钮"可用，用于修改填充颜色，其他的选项都不可用，如图 2-58 所示。

（2）"颜料桶工具"的操作方法

将鼠标指针移至舞台中，待其变为 ◇ 形状时，在图形内部单击左键，即可为图形填充颜色。如果对带有空隙的图形进行填充，选择"颜料桶工具"后，单击其选项区中的"空隙大小"下拉按钮，在弹出的下拉列表中选择不同的选项，可设置对封闭区域或带有缝隙的区域进行填充，如图 2-59 所示。

图 2-58　颜料桶工具属性面板

图 2-59　"空隙大小"列表

- 不封闭空隙：默认情况下选择该选项，表示只能对完全封闭的区域填充颜色。
- 封闭小空隙：表示可以对极小空隙的未封闭区域填充颜色。
- 封闭中等空隙：表示可以对比上一种模式略大的空隙的未封闭区域填充颜色。
- 封闭大空隙：表示可以对有较大空隙的未封闭区域填充颜色。

"颜料桶工具"可以结合颜色面板和"渐变变形工具"，对图形进行纯色、线性、放射状、位图等形式的填充，形成色彩丰富的填充效果，如图 2-60 所示。

图 2-60　填充效果示例

3. 墨水瓶工具

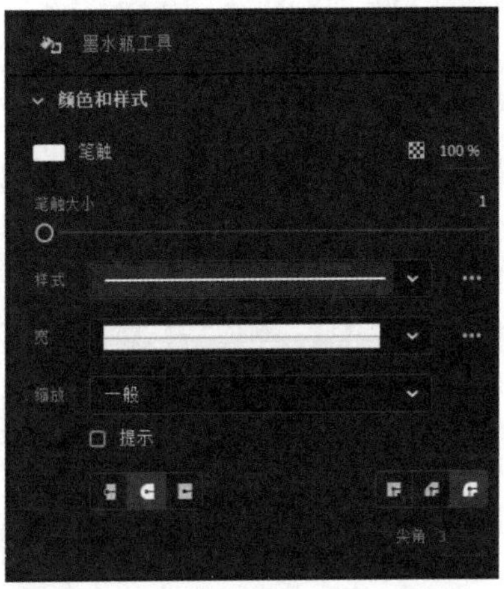

"墨水瓶工具"可以用来改变线条的颜色、宽度和类型，还可以为只有填充的图形添加边缘线条。单击工具栏中的"墨水瓶工具"或按 S 键，即可调用该工具。

（1）设置"墨水瓶工具"属性

"墨水瓶工具"的属性面板与"线条工具"的属性面板相似，如图 2-61 所示。在其面板中可以进行笔触颜色、笔触大小、笔触样式等相关设置，各参数的含义可参照前面"线条工具"。

图 2-61　墨水瓶工具属性面板

（2）"墨水瓶工具"的操作方法

① 使用"墨水瓶工具"修改已有的线条

在墨水瓶工具属性面板中设置好相应参数后，将鼠标指针移至舞台上，待其变为![icon]形状时，在图形的边缘处单击，即可修改图形的边缘线条，如图 2-62 所示。

② 为填充图形添加线条

在墨水瓶工具属性面板中设置好参数后，将鼠标指针移至舞台上，并在图形的内部或边缘处单击，可为其添加线条，如图 2-63 所示。

图 2-62　修改已有线条　　　　　　　图 2-63　添加线条

4. 滴管工具![icon]

"滴管工具"用于从一个对象复制填充和笔触属性，然后将它们应用到其他对象上。

简单地讲，Animate 中的"滴管工具"就是一个风格提取器，可以吸取线条的笔触颜色、笔触大小及笔触样式等基本属性，并且可以将其应用于其他图形的笔触。同样，也可以吸取填充的颜色或位图等信息，并将其应用于其他图形的填充。单击工具栏中的"滴管工具"![icon]或按 I 键，即可调用该工具。该工具没有与其对应的属性面板和功能选项区，操作方法如下：

调用"滴管工具"后，将鼠标指针移至目标图形的边缘，待其变为![icon]形状时单击，这时"滴管工具"自动转换为"墨水瓶工具"![icon]，鼠标指针变成了墨水瓶形状；将鼠标指针移至目标图形的填充区域，待其变为![icon]形状时单击，这时"滴管工具"自动转换为"颜料桶工具"![icon]，鼠标指针变为颜料桶形状；当"滴管工具"位于直线、填充或者画笔描边上方时，按住Shift 键，鼠标指针显示为![icon]，此时按下左键，可以取得被单击对象的属性并改变相应编辑工具的属性，如墨水瓶、铅笔或者文本工具。"滴管工具"还允许用户从位图图像取样用作填充，使用"滴管工具"单击位图，然后在颜色面板中选择"类型"为"位图填充"即可。

需要注意的是，在吸取填充属性时，单击左键后鼠标指针变为![icon]形状，说明该颜料桶处于锁定状态，需要在工具栏的颜料桶选项区中单击"锁定填充"按钮![icon]进行解锁。

2.5　视图工具组

视图工具组的主要功能是对舞台视图进行操作，包括手形工具![icon]、旋转工具![icon]、时间划动工具![icon]和缩放工具![icon]，其中"时间划动工具"后面有专门小节介绍，这里主要介绍"手形工具""旋转工具""缩放工具"。

1. 手形工具

"手形工具"主要用于平移视图。放大舞台以后，因窗口尺寸限制，可能无法看到整个舞台，这时要在不更改舞台缩放比例的情况下查看视图之外的内容，就可以在舞台上单击"手形工具"并拖动，即可平移视图。"手形工具"的快捷键是 H 键，在其他工具状态下按住空格键，可以临时切换到"手形工具"，松开空格键则恢复到原来的工具。

2. 旋转工具

"旋转工具"与"手形工具"在同一组，它是 Animate CC 新增加的工具，其作用是临时旋转舞台视图，便于在特定角度下查看舞台或绘制图形。"旋转工具"的基本用法如下。

- 选中"旋转工具"，舞台上会出现一个十字形的旋转轴心点，在需要的位置处单击即可更改轴心点的位置。
- 设置好轴心点后，即可围绕轴心点拖动鼠标来旋转视图，当前旋转角度用十字轴心上的红线表示，正常视图和旋转视图分别如图 2-64 和图 2-65 所示。

图 2-64　正常视图

图 2-65　旋转视图

3. 缩放工具🔍

"缩放工具"用于对舞台进行放大或缩小控制，单击工具栏中的"缩放工具"🔍或按 Z 键，即可调用该工具。调用"缩放工具"后，在其选项区中有"放大"🔍和"缩小"🔍两个功能按钮，可用于放大和缩小舞台。

案例④　荷塘月色——对图形进行着色

案例描述

使用基本绘图工具及颜色填充工具，创建如图 2-66 所示荷塘月色的效果。

图 2-66   "荷塘月色"图形效果

🕐 案例分析 ↗

- 通过使用工具栏中的"铅笔工具""线条工具""选择工具"等完成荷塘月色线形的绘制，通过使用"颜料桶工具"及颜色面板完成荷塘月色颜色的填充。
- 该案例主要熟悉图形色彩及颜色填充的相关知识。

🎯 操作步骤 ↗

1. 新建 Animate 文档，按【Ctrl+S】组合键打开"另存为"对话框，选择保存路径，输入文件名"荷塘月色"，然后单击"保存"按钮，回到工作区。

2. 使用"矩形工具"绘制与舞台同等大小的矩形，在舞台内使用"铅笔工具""椭圆工具""直线工具"等绘制荷塘月色线形图，如图 2-67 所示。

3. 选中所有线条，按【Ctrl+B】组合键分离所有线条，如图 2-68 所示。

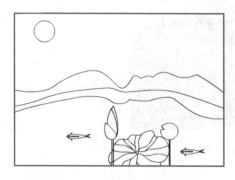

图 2-67   荷塘月色线形图

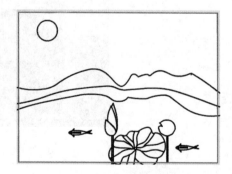

图 2-68   分离线形图

4. 选择"颜料桶工具" ◇ ，在颜色面板中选择"线性渐变"选项，设置"滑块颜色"为"#0012DE"和"#FFE980"，在天空部分拖动鼠标，填充渐变色；设置"滑块颜色"为"#003300"和"#009900"，在山峰区域拖动鼠标填充山峰颜色；设置"滑块颜色"为"#001281"和"#007EDB"，在倒影区域拖动鼠标填充倒影颜色；设置"滑块颜色"为"#000066"和"#007EDB"，在池塘区域拖动鼠标填充池塘颜色。

5．在颜色面板中选择"纯色"选项，设置"填充颜色"为"#FFFF66"，在月亮部分单击鼠标，填充月色。整个背景色填充效果如图2-69所示。

6．在颜色面板中选择"线性渐变"选项，设置多个滑块颜色，将鱼填充为线性渐变多彩鱼。

7．设置"滑块颜色"为"#FFC6A8"和"#CC728A"，在荷花区域拖动鼠标填充荷花颜色；选择"墨水瓶工具"，设置"笔触颜色"为"#FF3333"，在荷花边缘单击，更改荷花边缘颜色。鱼、荷花填充效果如图2-70所示。

图2-69　背景色填充效果图　　　　　　图2-70　鱼、荷花填充效果图

8．设置"滑块颜色"为"#003300"和"#00B63A"，在荷叶和枝干区域拖动鼠标填充荷叶和枝干颜色；选择"墨水瓶工具"，设置"笔触颜色"为"#003300"，在荷叶和枝干边缘单击，更改荷叶和枝干边缘颜色。荷叶填充效果如图2-71所示。

图2-71　荷叶填充效果图

9．选择"选择工具"，选中月亮的笔触，按Delete键将其删除。选中月亮，按快捷键F8，弹出"转换为元件"对话框，设置名称为"月亮"，类型为"影片剪辑"，单击"确定"按钮。

10．在舞台中选中月亮元件，打开属性对话框，为月亮添加滤镜。

11．按【Ctrl+S】组合键保存文件，按【Ctrl+Enter】组合键测试影片。播放效果如图2-66所示。

2.6 变形面板与对齐面板

1. 变形面板

除了"任意变形工具" 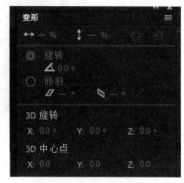，还可以使用变形面板来变形对象。使用该面板可以对选定对象进行更加精确的缩放、旋转、倾斜等操作。

执行菜单"窗口"→"变形"命令或按【Ctrl+T】组合键，打开变形面板，如图 2-72 所示。

（1）缩放对象

缩放对象时可以沿水平方向、垂直方向或同时沿两个方向放大或缩小对象。首先选择舞台上的一个或多个图形对象，然后打开变形面板，在面板中设置"缩放高度"和"缩放宽度"参数，默认为按等比例缩放对象，如图 2-73 所示。若断开"约束"按钮 ，则在改变对象形状时可不按比例缩放对象，如图 2-74 所示。

图 2-72　变形面板

图 2-73　等比例缩放

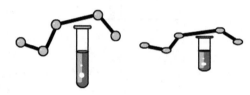
图 2-74　不按比例缩放

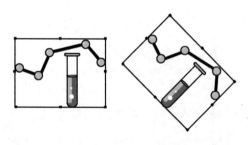
图 2-75　旋转 45°效果

（2）旋转对象

旋转对象时该对象会围绕其变形点旋转，变形点与注册点对齐，默认位于对象的中心。使用"任意变形工具"选中调整对象，通过鼠标拖动可以移动该点，确定旋转中心后，打开变形面板，通过设置旋转角度完成精确旋转。如图 2-75 所示，是将变形点设置为调整对象正下方，旋转 45°的效果图。此外，执行"修改"→"变形"→"顺时针旋转 90 度"或"逆时针旋转 90 度"，可以进行顺时针或逆时针的旋转。

- "重制选区和变形"按钮 ：设置完变形点、旋转角度后，单击该按钮，可以旋转复制选中的对象，如图 2-76 所示。
- "取消变形"按钮 ：单击该按钮，可以使选中的对象恢复到变形前一步的状态。

（3）倾斜对象

变形面板中的"倾斜"选框提供了两种倾斜对象的方式： 表示水平倾斜对象， 表示垂直倾斜对象。分别运用两种方式使对象倾斜 45° 的效果如图 2-77 所示。

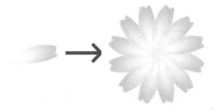

图 2-76 "重制选区和变形"效果

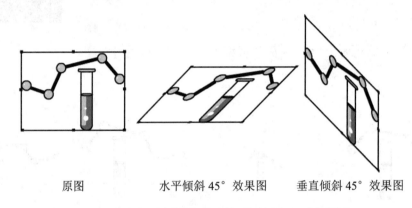

原图　　　　　　水平倾斜 45° 效果图　　　　　垂直倾斜 45° 效果图

图 2-77 对选定对象进行倾斜操作的前后对比效果

（4）3D 旋转

3D 旋转可以产生 3D 立体旋转的效果，此功能需要配合补间动画一起使用，该部分内容将在模块 4 进行具体讲解。

2. 对齐面板

若要将舞台上的多个对象有规律地对齐、分布或匹配大小，可以使用对齐面板来实现。选中需要调整的多个对象，执行菜单"窗口"→"对齐"命令或按【Ctrl+K】组合键，即可打开对齐面板，如图 2-78 所示。该面板分为"与舞台对齐""对齐""分布""匹配大小""间隔" 5 个区域，各组按钮的作用如下。

图 2-78 对齐面板

- 与舞台对齐：可以调整选定对象相对于舞台尺寸的对齐方式和分布。如果没有选中该复选框，则是调整两个以上对象之间的相互对齐和分布。

- 对齐：将对象在垂直方向上分别左对齐、水平中齐、右对齐 ，在水平方向上分别顶对齐、垂直中齐、底对齐 。如图 2-79 所示为在垂直方向上左对齐的前后对比效果。

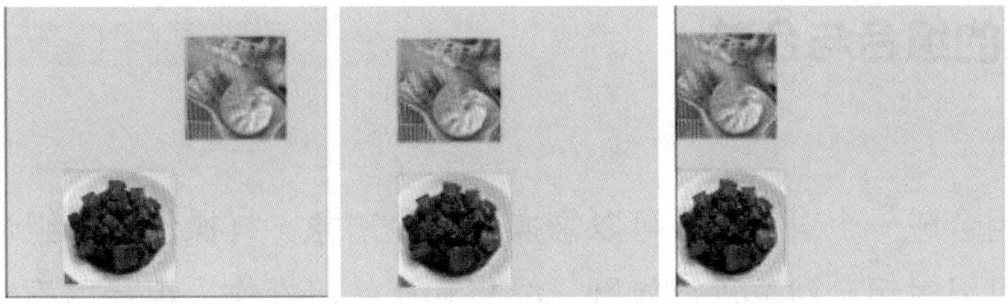

原图　左对齐　相对于舞台左对齐

图 2-79　垂直左对齐的前后对比效果

- 分布：将对象在垂直方向上按顶部、垂直居中、底部进行等距分布，在水平方向上按左侧、水平居中、右侧进行等距分布。如图 2-80 所示为水平居中分布的前后对比效果。

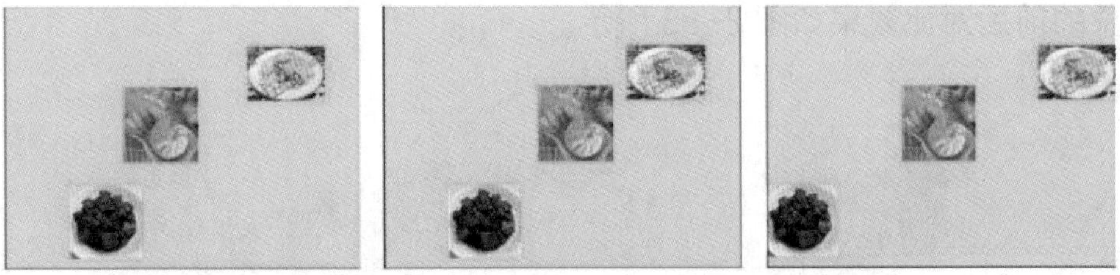

原图　水平居中分布　相对于舞台水平居中分布

图 2-80　水平居中分布的前后对比效果

- 匹配大小：以最大的对象为匹配标准，对其他对象进行宽度和高度的调整，即对其他对象进行水平缩放、垂直缩放或等比例缩放。如图 2-81 所示为匹配宽度和匹配高度的前后对比效果。

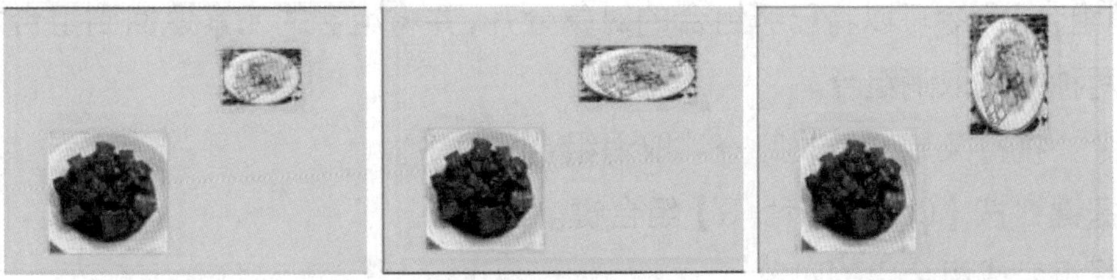

原图　匹配宽度　匹配高度

图 2-81　匹配宽度和匹配高度的前后对比效果

- 间隔按钮：对多个对象的间隔距离在垂直或水平方向进行自动调整。如图 2-82 所示为分别设置垂直平均间隔和相对于舞台水平平均间隔的前后对比效果。

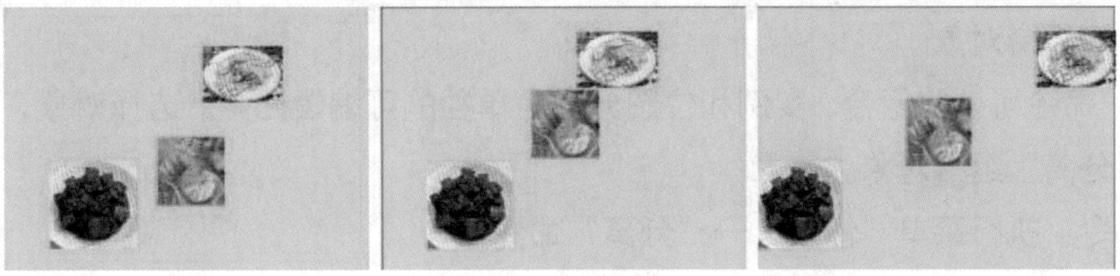

原图　垂直平均间隔　相对于舞台水平平均间隔

图 2-82　设置垂直平均间隔和相对于舞台水平平均间隔的前后对比效果

2.7 对象的组合与合并

1. 组合对象

将多个元素组合成一个对象后，可以像操作一个对象一样操作这个组合对象，不仅方便选择和移动，还可以对组合对象进行复制、缩放和旋转等操作。组合后不用再单独处理每一个元素，从而简化了操作步骤。

（1）组合/取消组合对象

选择要组合的对象(可以是形状、其他组合、元件、文本等)，通过以下两种方式进行组合。

- 命令：执行菜单"修改"→"组合"命令。
- 快捷键：按【Ctrl+G】组合键。

组合对象的前后对比效果如图 2-83 所示。

图 2-83　组合对象的前后对比效果

"取消组合"命令可以将已经组合的对象分开，并将组合的元素返回到组合之前的状态。可通过以下两种方式取消组合。

- 命令：执行菜单"修改"→"取消组合"命令。
- 快捷键：按【Ctrl+Shift+G】组合键。

（2）编辑组合或组合中的对象

当需要调整组合图形内的子对象时，选择要编辑的组合，执行菜单"编辑"→"编辑所选项目"命令，或用"选择工具"双击该组，此时，舞台上方会出现一个名为"组"的图标，表明已进入组合对象编辑状态，可对组合中的任意子对象进行编辑。此时，页面上不属于该组合的对象都将变暗，表明不属于该组合的对象是不可访问的。

（3）分离组合对象

"分离"命令可以将组合、实例和位图分离为单独的可编辑元素。选择对象，可通过以下两种方式"分离"组合对象。

- 命令：执行菜单"修改"→"分离"命令。
- 快捷键：按【Ctrl+B】组合键。

如图 2-84(1)所示为取消组合后的效果，如图 2-84(2)所示为分离后的效果。虽然"分离"

会极大地减小导入图形的文件大小，但分离操作不是完全可逆的，它会对对象产生如下影响：

① 切断元件实例到其主元件的链接。

② 放弃动画元件中除当前帧之外的所有帧。

③ 将位图转换成填充。

④ 在应用于文本块时，会将每个字符放入单独的文本块中。

⑤ 应用于单个文本字符时，会将字符转换成轮廓。

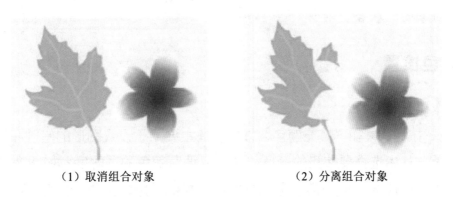

（1）取消组合对象　　　（2）分离组合对象

图 2-84　取消组合对象和分离组合对象的对比效果

2. 合并对象

若要通过合并或改变现有对象来创建新形状，可以执行菜单"修改"→"合并对象"中相应的命令。在一些情况下，所选对象的层叠顺序决定了操作的工作方式，合并效果如图 2-85 所示。

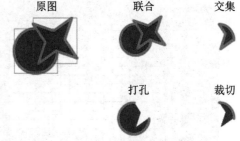

图 2-85　"合并对象"效果

（1）联合

该命令可以将两个或多个形状合并成单个形状。将生成一个"对象绘制"模型形状，它由联合前形状上所有可见的部分组成，形状上不可见的重叠部分被删除。

需要注意的是，与使用"组合"命令不同的是，使用"联合"命令合成的形状将无法分离。

（2）交集

该命令能够创建两个或多个对象的交集，生成的"对象绘制"形状由合并形状的重叠部分组成。形状上任何不重叠的部分均被删除，生成的形状使用堆叠中最上面的形状的填充和笔触。

（3）打孔

该命令将删除被最上面的对象覆盖在下面的所选对象的交叠部分，并完全删除最上面的形状。

（4）裁切

使用一个对象的形状裁切另一个对象。最上面的对象定义裁切区域的形状，保留与最上面的形状重叠的任何下层形状部分，而删除下层形状的非重叠部分，并完全删除最上面的形状。

说明：只有在"对象绘制"模式下绘制的图形，才能进行"交集""打孔""裁切"合并对象的操作。"打孔"和"裁切"生成的形状保持为独立的对象，不会合并为单个对象（不同于可合并多个对象的"联合"命令）。

2.8　颜色设置

1. 笔触颜色和填充颜色

"笔触颜色"按钮✐■和"填充颜色"按钮✍■主要用于设置图形的笔触和填充颜色，单击可打开调色板，从中选择要使用的颜色，并可以调节颜色的透明度，如图 2-86 所示。

若调色板中没有所需要的颜色，可以单击右上角的"颜色拾取"按钮●，弹出"颜色选择器"对话框，然后从中编辑所需的颜色，如图 2-87 所示。

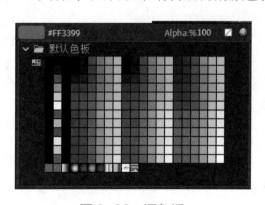

图 2-86　调色板

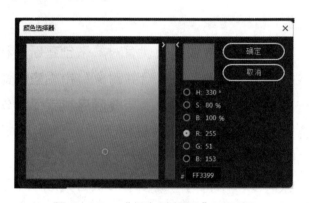

图 2-87　"颜色选择器"对话框

"笔触颜色"按钮✐■和"填充颜色"按钮✍■还常用来对图形的笔触和填充颜色进行修改。方法是：首先选择要修改的笔触或填充，单击"笔触颜色"或"填充颜色"按钮，在弹出的调色板中选中一种颜色即可。

2. 颜色面板

除了在工具栏的颜色区和属性面板中设置和修改线条及填充图形的颜色，还可以使用颜色面板编辑纯色和渐变色，设置图形的笔触、填充及透明度等。执行菜单"窗口"→"颜色"命令，或使用【Alt+Shift+F9】组合键打开或关闭颜色面板。颜色面板的组成如图 2-88 所示，各选项的功能如下。

- 笔触颜色：设置和更改图形对象的笔触或边框的颜色。
- 填充颜色：设置和更改填充颜色，填充是填充形状的颜色区域。
- 填充类型：设置和更改填充样式。

无：删除填充。

纯色：提供一种单一的填充颜色。

线性渐变：产生一种沿线性轨道混合的渐变。

径向渐变：产生从一个中心焦点出发沿环形轨道向外混合的渐变。

位图填充：用可选的位图图像平铺所选的填充区域。选择"位图填空"时，系统会弹出"导入到库"对话框，通过该对话框选择本地计算机上的位图图像，并将其添加到库中，也可以将此位图用作填充，其外观类似于在形状内填充了重复图像的马赛克图案。

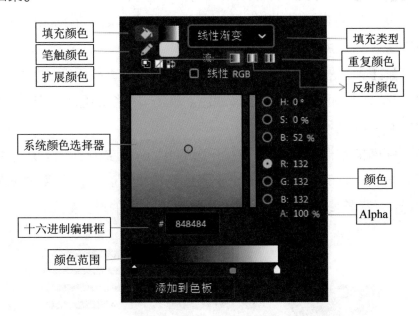

图 2-88　颜色面板组成

如图 2-89 所示为背景填充分别为线性渐变、径向渐变及位图填充时的效果对比。

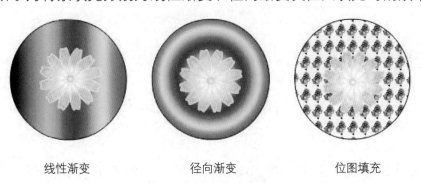

线性渐变　　　　　　径向渐变　　　　　　位图填充

图 2-89　背景填充效果对比

- 颜色值：RGB 为默认模式，可以显示或更改填充的红、绿和蓝的色密度。

- Alpha：Alpha 可设置实心填充的透明度，或者设置渐变填充的当前所选滑块的透明度。Alpha 值为 0%时创建的填充不可见（即透明），Alpha 值为 100%时创建的填充不透明。

图 2-90　添加色块

● 颜色范例：显示当前所选颜色。如果从"填充类型"下拉列表中选择某个渐变填充样式（线性或径向），则"颜色范例"将显示所创建的渐变内的颜色过渡，如图 2-90 所示，在渐变条下方的合适位置单击鼠标，可以添加一个色块，将色块拖到下面则删除色块。

● 溢出类型：能够控制超出渐变限制的颜色。

扩展颜色：为默认类型，将指定的颜色应用于渐变末端之外。

反射颜色：利用反射镜像效果使渐变颜色填充形状。指定的渐变色以下面的模式重复：从渐变的开始到结束，再以相反的顺序从渐变的结束到开始，再从渐变的开始到结束，直到所选形状填充完毕。

重复颜色：从渐变的开始到结束重复渐变，直到所选形状填充完毕。

● 系统颜色选择器：可以直观地选择颜色。单击"系统颜色选择器"，然后拖动十字准线指针，直到找到所需颜色。

● 十六进制编辑文本框：显示以"#"开头的 6 位字母数字组合，是十六进制模式的颜色代码，代表一种颜色。若要使用十六进制值更改颜色，可直接输入一个新的值。

如图 2-91 所示为背景填充为线性渐变时三种溢出类型的对比效果。

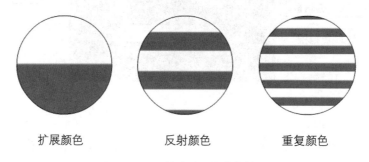

扩展颜色　　　　　反射颜色　　　　　重复颜色

图 2-91　溢出类型对比效果

 知识拓展

Animate 绘图小技巧

1. 描图法

对于没有美术功底的人来讲，在 Animate 中绘制一些简单的图形还可以，比如家具、建筑等，但绘制人物、动物等复杂图形就有些困难了。但并不是没有办法绘制，描图法就可以轻松解决这个问题。

初学者在绘画时，可以先在 Animate 中导入一张参考图，放在一个图层上，将该图层锁定，然后新建一个图层，这时就可以在新建的图层上开始"作"画了（其实是"描"画）。可以使用工具栏中的"钢笔工具"或"铅笔工具"勾勒出图像的轮廓，然后使用"选择工具"

进行精确的勾拉、修改，最后进行上色，所需的图形就绘制出来了。

描图法对于没有绘图基础的人来讲不失为一个好办法，关键是要有耐心，多画几次，多描几遍，等到熟练了，就可以尝试放弃描画而改为徒手画，时间久了，绘图基本功自然就提高了。

2. 覆盖删除法

当多个不同颜色的矢量图形放在一起时，上面的图形会把下面的图形覆盖掉，利用这个原理可以实现很多特殊的绘图效果。如图 2-92 所示，首先绘制一个蓝色的圆球和一个红色的圆球，然后将红球拖放在蓝球上面，覆盖住蓝球的一部分区域，最后选定红球并删除后，就生成了一个月牙图形。

覆盖法在 Animate 绘图中广泛应用，通常使用这种方法来绘制草丛、烟雾、云朵、树木、山丘等形状。如图 2-93 所示即为用覆盖法绘制的云朵。

图 2-92　覆盖法绘制月亮

图 2-93　覆盖法绘制的云朵

≫思考与实训 2

一、填空题

1. 能完成选择对象、移动对象、编辑线条、编辑边界节点等主要功能的是＿＿＿＿＿＿工具。

2. 若要更改线条或者图形形状轮廓的笔触颜色、宽度和样式，可使用＿＿＿＿＿＿＿工具。

3. ＿＿＿＿＿＿工具用于平移当前的画面，＿＿＿＿＿＿工具用于对当前场景进行放大或者缩小操作。

4. 在使用"画笔工具"时，＿＿＿＿＿＿笔刷模式只将鼠标经过的填充进行覆盖，对线条不起作用。

5. 在使用"橡皮擦工具"时，选择＿＿＿＿＿＿模式，只擦除图形中的填充部分而保留线条；＿＿＿＿＿＿模式保留填充而擦除线条。

6. 在使用"套索工具"时，＿＿＿＿＿＿模式一般用于选择位图中相邻及相近的像素颜色。

7. 使用"选择工具"复制图形时，应按住＿＿＿＿＿＿键单击并拖动对象；使用"线条工具"时，按住＿＿＿＿＿键可以绘制特定角度的直线或闭合图形。

8．在"任意变形工具"选项区中有 4 个功能按钮，其中，＿＿＿＿＿按钮可以等比例缩放图形，＿＿＿＿＿按钮可用于对图形进行复杂的变形操作。

9．在钢笔工具组中包括"钢笔工具""＿＿＿＿＿""删除锚点工具"和"＿＿＿＿＿"四种。

10．在 Animate 中，组合图形的快捷键是＿＿＿＿＿。

二、上机实训

1．使用工具栏中的工具，绘制如图 2-94 所示的卡通形象。

2．使用基本绘图工具，绘制如图 2-95 所示的机器人形象。

图 2-94　卡通形象　　　　　图 2-95　机器人形象

案例⑤ 植物生长——逐帧动画

案例描述

用逐帧动画展现植物生长的过程，如图 3-1 所示。

图 3-1 "植物生长"效果图

案例分析

● 利用序列图片的导入创建逐帧动画。

● 运用对齐面板和"编辑多个帧"按钮设置图片的对齐方式、位置及大小，实现植物生长的效果。

操作步骤

1. 启动 Animate 后，新建一个 ActionScript 3.0 文档，设置舞台大小为 "550x400 像素"。

2. 新建一个图层，选择第 1 帧，执行"文件"→"导入"→"导入到舞台"命令，将"植物生长 00001.jpg"导入。此时会弹出一个对话框，如图 3-2 所示。单击"是"按钮，Animate

会自动把图片序列按顺序以逐帧形式导入舞台，如图3-3所示。

图3-2　序列图片导入　　　　　　图3-3　导入的序列图片形成逐帧动画

3．此时，时间帧区出现连续的关键帧，从左向右拖动播放头，就会看到植物生长的过程，如图3-4所示。但是，被导入的动画序列位置尚未处于我们需要的地方，默认状况下，导入的对象被放在场景坐标"0,0"处，因此需要调整它们的位置和大小。

图3-4　植物生长过程

4．单击时间轴面板下方的"编辑多个帧"按钮，再单击"修改标记"按钮，在弹出的菜单中选择"选定范围"选项，如图3-5所示。最后执行"编辑"→"全选"命令，此时时间轴和场景效果如图3-6所示。

5．打开对齐面板，选中"与舞台对齐"复选框，设置"对齐"为"水平中齐"，"分布"为"垂直居中分布"，"匹配大小"为"匹配宽和高"，效果如图3-7所示。

6．按【Ctrl+Enter】组合键测试影片，即可看到"植物生长"的动画效果，如图3-8所示，按【Ctrl+S】组合键保存文件。

图 3-5　"选定范围"选项

图 3-6　全选后的时间轴及场景

图 3-7　对齐面板及效果

图 3-8　植物生长动画效果

3.1　时间轴

时间轴主要用于对图层和帧进行组织和管理。时间轴的主要组件包括图层、帧和播放头，如图 3-9 所示。

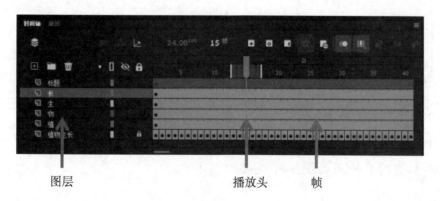

图层　　　　　　　　　　　播放头　　帧

图 3-9　时间轴面板

1.　时间轴的基本操作

（1）更改时间轴中的帧显示

单击时间轴右上角的"帧视图"按钮，弹出的"帧视图"菜单如图 3-10 所示。

● "较短""中"或"高"：改变帧单元格行的高度。

- "预览"：显示每个帧的内容缩略图。
- "关联预览"：显示每个完整帧（包括空白空间）的缩略图。

（2）在舞台上同时查看动画的多个帧

通常情况下，在某个时间点舞台上仅显示动画序列的一个帧。为便于定位和编辑逐帧动画，可以在舞台上一次查看多个帧，其中播放头下面的帧是彩色不透明显示的，而其他帧则是暗淡透明显示的。

单击"绘图纸外观"按钮 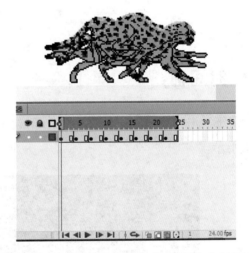，在"起始绘图纸外观" 到"结束绘图纸外观"之间的所有帧都被显示出来。

（3）控制绘图纸外观的显示

- 单击"绘图纸外观轮廓"按钮，将具有绘图纸外观的帧显示为轮廓。
- 将绘图纸外观标记的指针拖到一个新位置。
- 若要编辑绘图纸外观标记之间的所有帧，则单击"编辑多个帧"按钮，从而显示绘图纸外观标记之间的每个帧的内容，并且无论哪个帧为当前帧，都可以进行编辑，如图 3-11 所示。

图 3-10　"帧视图"菜单　　　　图 3-11　"编辑多个帧"模式下的多帧显示

提示： 打开绘图纸外观时，不显示被锁定的图层。为避免出现大量使人感到混乱的图像，可锁定或隐藏不希望对其使用绘图纸外观的图层。

2. 播放头

播放头是在时间轴面板上用于指示动画播放的指针，如图 3-12 所示。要转到某帧，可单击该帧在时间轴标题中的位置，或将播放头拖到所需的位置。要使时间轴以当前帧为中心，单击时间轴底部的"帧居中"按钮即可。

3. 图层

图层可以帮助组织文档中的插图，可以在图层上绘制和编辑对象，而不会影响其他图层上的对象。在图层上没有内容的舞台区域，可以透过该图层看到下面的图层的内容。有关图层的部分工具和显示状态如图 3-13 所示。

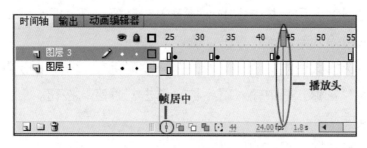

图 3-12　播放头

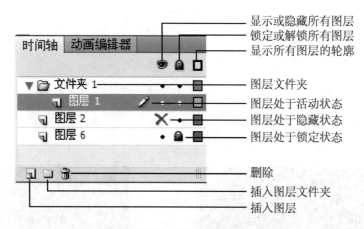

图 3-13　图层的部分工具和显示状态

要绘制、涂色，或者对图层或文件夹进行修改，可在时间轴中选择该图层以激活它。时间轴中图层或文件夹名称旁边的铅笔图标表示该图层或文件夹处于活动状态。一次可以选择多个图层，但一次只能有一个图层处于活动状态。另外，可以隐藏、锁定或重新排列图层。

（1）新建图层和图层文件夹

创建 Animate 文档后，默认情况下，会自动出现一个"图层 1"。要在文档中插入图片、动画和其他元素，可添加更多的图层。创建图层或文件夹后，它将出现在所选图层的上方，新添加的图层将成为活动图层。可通过下面几种方式新建图层和图层文件夹。

● 启动 Animate 后，打开文件"植物生长.fla"。在时间轴面板上单击"新建图层"按钮 ，新建一个图层；单击"新建文件夹"按钮 ，新建一个图层文件夹。

● 执行菜单"插入"→"时间轴"→"图层"命令，新建一个图层；执行菜单"插入"→"时间轴"→"图层文件夹"命令，新建一个图层文件夹。

● 右键单击时间轴中的图层名称，从弹出的快捷菜单中选择"插入图层"命令，新建一个图层；从弹出的快捷菜单中选择"插入文件夹"命令，新建一个图层文件夹。

（2）选择图层

● 单击时间轴中图层的名称。

● 在时间轴中单击要选择的图层的任意一个帧。

061

（3）重命名图层
- 双击时间轴中图层或文件夹的名称，输入新名称。
- 右键单击图层的名称，从弹出的快捷菜单中选择"属性"命令，在打开的对话框的"名称"框中输入新名称，单击"确定"按钮。
- 在时间轴中选择该图层，执行"修改"→"时间轴"→"图层属性"命令，在打开的对话框的"名称"框中输入新名称，单击"确定"按钮。

（4）更改图层顺序

单击图层名称，将其拖到相应的位置。

（5）锁定图层

单击图层名称右侧的"锁定"按钮🔒。

（6）将图层中不同的对象分散到图层

在新建的图层中输入"植物生长"4个字，如图3-14所示，将鼠标指针放于文字上并单击右键，在弹出的快捷菜单中选择"分散到图层"命令，4个字即被分散到4个新的图层中，如图3-15所示。

图3-14 输入文字"植物生长"

图3-15 分散到图层

（7）删除图层或文件夹
- 单击时间轴中的"删除"按钮🗑。
- 将图层或文件夹拖到"删除"按钮。
- 用鼠标右键单击该图层或文件夹的名称，然后从弹出的快捷菜单中选择"删除图层"或"删除文件夹"命令。

（8）显示或隐藏图层

时间轴中图层或文件夹名称旁边的红色 ✕ 表示图层或文件夹处于隐藏状态。在"发布设置"中，可以选择在发布 SWF 文件时是否包括隐藏图层。
- 单击时间轴中图层名称右侧的"眼睛"列，显示或隐藏该图层。
- 单击眼睛图标，显示或隐藏时间轴中的所有图层。
- 在"眼睛"列中拖动，显示或隐藏多个图层。
- 按住 Alt 键的同时单击图层或文件夹名称右侧的"眼睛"列，显示或隐藏除当前图层以外的所有图层。

（9）以轮廓查看图层上的内容

● 单击图层名称右侧的"轮廓"列，该图层上所有对象显示为轮廓或关闭轮廓显示，如图 3-16 所示。

● 单击轮廓图标，所有图层上的对象显示为轮廓，如图 3-17 所示。

● 按住 Alt 键的同时单击图层名称右侧的"轮廓"列，则除当前图层以外的所有图层上的对象显示为轮廓，或关闭所有图层的轮廓显示。

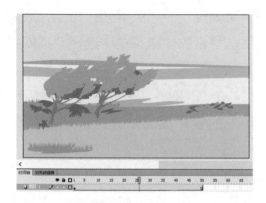

图 3-16　图层上所有对象关闭轮廓显示

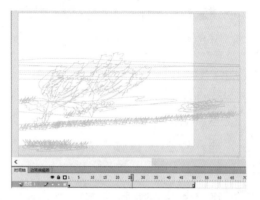

图 3-17　图层上所有对象显示为轮廓

4. 帧

帧是 Animate 动画中最基本的组成单位。

（1）帧类型

帧分为普通帧、关键帧和空白关键帧 3 种类型，如图 3-18 所示。

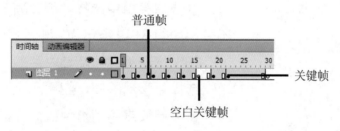

图 3-18　帧的类型

● 关键帧：用一个实心的圆圈来表示。

● 普通帧：用一个灰色矩形来表示。在关键帧右边浅灰色背景的单元格是普通帧，它的内容与左边关键帧的内容一样，普通帧一般是为了延长帧中动画的播放时间。

● 空白关键帧：用一个空心的圆圈来表示，表示该关键帧中没有任何内容。

（2）选择帧

Animate 提供两种不同的方法在时间轴中选择帧，基于"帧的选择"（默认情况）和"基于整体范围的选择"。若指定"基于整体范围的选择"，可执行菜单"编辑"→"首选参数"命令，打开"首选参数"对话框，选择"常规"类别，然后单击"确定"按钮。

- 选择一个帧：如果启用了"基于整体范围的选择"，则单击某个帧会选择两个关键帧之间的整个帧序列。
- 选择多个连续的帧：按住 Shift 键并单击其他帧，或直接拖动鼠标选择帧。
- 选择多个不连续的帧：按住 Ctrl 键并单击其他帧。
- 选择时间轴中的所有帧：执行菜单"编辑"→"时间轴"→"选择所有帧"命令。

（3）插入帧

- 插入新的帧：执行菜单"插入"→"时间轴"→"帧"命令，或按 F5 键。
- 创建新的关键帧：执行菜单"插入"→"时间轴"→"关键帧"命令，或者用鼠标右键单击要在其中放置关键帧的帧，然后从弹出的快捷菜单中选择"插入关键帧"命令。
- 创建新的空白关键帧：执行菜单"插入"→"时间轴"→"空白关键帧"命令，或者用鼠标右键单击要在其中放置关键帧的帧，然后从弹出的快捷菜单中选择"插入空白关键帧"命令。

（4）复制或粘贴帧

- 选择帧或序列并执行菜单"编辑"→"时间轴"→"复制帧"命令，选择要替换的帧、序列或空白处，然后执行菜单"编辑"→"时间轴"→"粘贴帧"命令。
- 按住 Alt 键单击并将关键帧拖到要粘贴的位置。

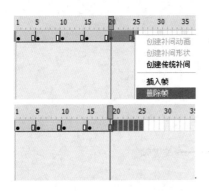

图 3-19　"删除帧"前后的对比效果

（5）删除帧

选择帧或序列并执行菜单"编辑"→"时间轴"→"删除帧"命令；或者用鼠标右键单击帧或序列，从弹出的快捷菜单中选择"删除帧"命令，周围的帧保持不变。如图 3-19 所示为"删除帧"前后的对比效果。

（6）移动关键帧及其内容

选择要移动的帧，当鼠标下方出现一个矩形框时，可以将关键帧或序列拖到目标位置。

（7）将关键帧转换为帧

选择关键帧并单击鼠标右键，从弹出的快捷菜单中选择"清除关键帧"命令，则被清除的关键帧到下一个关键帧之前的所有帧的舞台内容都将由被清除的关键帧之前的帧的舞台内容所替换。

3.2　创建逐帧动画

逐帧动画是一种常见的动画手法，其原理是在"连续的关键帧"中分解动画动作，即每一帧中的内容不同，连续播放而成动画。由于逐帧动画的帧序列内容不同，不仅增加制作负担，而且最终输出的文件量也很大，但逐帧动画的优势也很明显，其与电影播放模式相似，非常适合于表现细腻的动画，如 3D 效果、人物或动物的急剧转身等。

1. 逐帧动画

逐帧动画是指由许多连续的关键帧所组成的动画，它适合于每一关键帧中的图像都有所改变且表现细腻的动画。逐帧动画在时间帧上表现为连续出现的关键帧，如图 3-20 所示。

图 3-20 逐帧动画在时间帧上的表现

2. 创建逐帧动画的方法

运用静态图片制作逐帧动画应将图片依次放置在连续的关键帧中。由于各张静态图片只有较细微的差别，因此一定要设置好对齐方式。如果需要延长各关键帧的播放时间，可以在其后插入普通帧。

（1）用导入的静态图片创建逐帧动画

将 JPG、PNG 等格式的静态图片连续导入 Animate 中，建立一段逐帧动画。

- 新建 Animate 文档，按【Ctrl+S】组合键打开"另存为"对话框，选择保存路径，输入文件名"流水效果"，然后单击"保存"按钮，回到工作区。
- 执行菜单"文件"→"导入"→"导入到库"命令，弹出"导入到库"对话框，选择"流水 1.jpg"到"流水 4.jpg"4 个文件，单击"打开"按钮，将文件导入库面板中，如图 3-21 所示。
- 将库面板中的"流水 1.jpg"图像拖曳到舞台的适当位置。打开对齐面板，选中"与舞台对齐"复选框，设置"对齐"为"水平中齐"，"分布"为"垂直居中分布"，"匹配大小"为"匹配宽和高"。
- 在时间轴中选择"图层 1"中的第 3 帧，单击鼠标右键，在弹出的快捷菜单中选择"插入关键帧"命令。在舞台中的图像上单击鼠标右键，在弹出的快捷菜单中选择"交换位图"命令，在"交换位图"对话框中选择"流水 2.jpg"，如图 3-22 所示。单击"确定"按钮，舞台中的图像"流水 1.jpg"被"流水 2.jpg"替换。

图 3-21 库面板

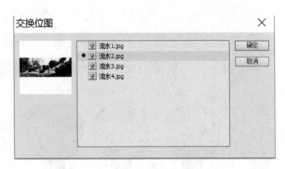

图 3-22 "交换位图"对话框

- 重复上一步骤，在第 5、7 帧分别插入关键帧，并将"流水 3.jpg""流水 4.jpg"分别导入舞台的同一位置。

- 按【Ctrl+S】组合键保存文件，按【Ctrl+Enter】组合键测试影片。

（2）用导入的 GIF 格式图片创建逐帧动画

导入 GIF 格式图片的方法与导入同一序列的 JPG 格式的图片类似，只是将 GIF 格式的图片导入舞台，即会在舞台上直接生成动画，而将 GIF 格式的图片导入库面板中，则会生成一个由 GIF 格式转化成的剪辑动画，如图 3-23 和图 3-24 所示为两个分别执行"导入到舞台"和"导入到库"命令后对应的时间轴及库面板。

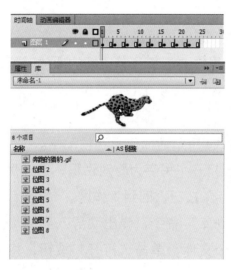

图 3-23　导入到舞台

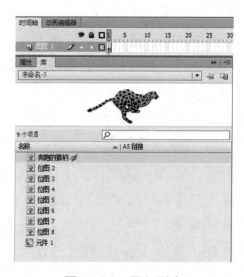

图 3-24　导入到库

（3）用绘制的矢量图创建逐帧动画

由于每个关键帧处所对应的图形都不同，因此在绘制不同的图形时，需要先在规定的时间轴上插入空白关键帧，再绘制所对应的图形。如果需要将关键帧转换为空白关键帧，只需将关键帧处的图形删除即可。

- 新建一个 Animate 文档，设置舞台大小为"100x100"像素。
- 利用"椭圆工具"绘制人的头部，选择"线条工具"将"笔触"设定为"10"，依照第一幅图绘制躯干、手、脚。
- 在第 3、5、7、9、11、13、15 帧处插入空白关键帧，按上一步骤的方法在所对应的空白关键帧处绘制第 2~8 幅图，如图 3-25 所示。
- 测试影片，即可实现人物行走的动画效果。

图 3-25　人物行走效果图

案例 ⑥ 奥运篆书——补间形状

案例描述

制作补间形状动画，实现如图 3-26 所示的奥运篆书变形效果。

| 田径 | 拳击 | 射箭 | 羽毛球 | 棒球 |

图 3-26 奥运篆书变形效果

案例分析

- 初步认识补间形状的应用对象。
- 会创建补间形状动画。
- 熟悉位图与矢量图的转换。

操作步骤

1. 新建一个 Animate 文档，设置舞台大小为 "240x240" 像素。

2. 导入素材图片，执行菜单 "文件" → "导入" → "导入到库" 命令，将 "田径" "拳击" "射箭" "羽毛球" "棒球" 5 幅图片导入库。

3. 将图层名称改为 "篆书"，选中第 1 帧，将 "田径" 图片拖至舞台，打开对齐面板，选中 "与舞台对齐" 复选框，设置 "对齐" 为 "水平中齐"，"分布" 为 "垂直居中分布"，"匹配大小" 为 "匹配宽和高"，此时图片状态如图 3-27 所示。选中图片，单击鼠标右键，在弹出的快捷菜单中选择 "分离" 命令，图片分离状态如图 3-28 所示。

图 3-27 图片状态

图 3-28 图片分离状态

4．单击"篆书"图层第 20 帧，单击鼠标右键，在弹出的快捷菜单中选择"插入空白关键帧"命令，将"拳击"图片拖至舞台，打开对齐面板，选中"与舞台对齐"复选框，设置"对齐"为"水平中齐"，"分布"为"垂直居中分布"，"匹配大小"为"匹配宽和高"。使之与第 1 帧图片位置、大小完全一致，然后选中图片，进行分离操作。

5．将鼠标指针置于"篆书"图层第 1～20 帧的任意一帧位置上，单击鼠标右键，在弹出的快捷菜单中选择"创建补间形状"命令，此时时间轴状态如图 3-29 所示。

图 3-29　时间轴状态

6．在"篆书"图层第 25 帧处单击鼠标右键，在弹出的快捷菜单中选择"插入关键帧"命令。

7．选中第 45 帧，插入空白关键帧，将"射箭"图片拖至舞台，重复步骤 4 操作，选中第 25～45 帧中的任意一帧，单击鼠标右键，在弹出的快捷菜单中选择"创建补间形状"命令，此时时间轴状态如图 3-30 所示。

图 3-30　时间轴状态

8．在第 50 帧处插入关键帧，在第 70 帧处插入空白关键帧，将"羽毛球"图片拖至舞台并按步骤 3 调整其大小和位置，选中第 50～70 帧中的任意一帧，创建补间形状动画，此时时间轴状态如图 3-31 所示。

图 3-31　时间轴状态

9．重复步骤 8，在第 75 帧处插入关键帧，在第 95 帧处插入空白关键帧，创建"羽毛球"到"棒球"的补间形状动画，并在第 100 帧处插入帧，最终时间轴状态如图 3-32 所示。

图 3-32　最终时间轴状态

10. 新建一个图层并命名为"名称"，在第1帧处，选择"文本"工具在舞台上输入文字"田径"，设置其"文本"属性如图3-33所示；打开对齐面板，选中"与舞台对齐"复选框，设置"对齐"为"水平中齐"，"分布"为"底部分布"，此时的舞台效果如图3-34所示。

图 3-33 设置"文本"属性　　　　　　图 3-34 舞台效果

11. 分别选中"名称"图层的第20、40、65、85帧，插入关键帧，并分别输入文字"拳击""射箭""羽毛球""棒球"，"文本"属性设置同步骤10，时间轴最终状态如图3-35所示。

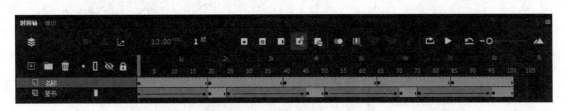

图 3-35 时间轴最终状态

12. 按【Ctrl+S】组合键保存文件，按【Ctrl+Enter】组合键测试影片。

3.3 补间形状制作

补间动画是创建随时间移动或更改的动画的一种有效方法，运用它可以变幻出各种奇妙的变形效果。由于在补间动画中仅保存帧之间更改的值，所以能最大限度地减小所生成文件的大小。补间形状是指在一个特定时间绘制一个形状，然后在另一个特定时间更改该形状或绘制另一个形状，Animate 会内插二者之间的帧的值或形状来创建动画。

1. 补间形状的特点

（1）组成元素

补间形状只能针对分离的矢量图形，若要使用实例、组或位图图像等，需先分离这些元素；若要对传统文本应用补间形状，需将文本分离两次，将文本转换为对象；若要在一个文档中快速准备用于补间形状的元素，可将对象分散到各个图层中。

（2）在时间轴面板上的表现形式

创建补间形状后，两个关键帧之间的背景变为淡绿色，在起始帧和结束帧之间有一个长长的箭头。如果起始帧与结束帧之间不是箭头而是虚线，说明补间没有成功，原因可能是动画组成元素不符合补间形状规范或帧缺失。补间形状在时间轴上的表现如图 3-36 所示。

图 3-36　补间形状在时间轴上的表现

2. 补间形状的制作方法

（1）准备工作

- 若为多个对象创建补间，使用"分散到图层"命令将每个对象分散到一个独立的图层中，没有选中的对象将保留在它们的原始位置。
- 若使用实例、组、文字或位图图像时，先分离这些元素。

（2）创建补间形状

- 启动 Animate，新建一个 ActionScript 3.0 文档，保存为"变化的数字.fla"。
- 选择"TLF 文本工具"，设置文本属性面板如下。系列：Clarendon Blk BT，大小：150pt，颜色：黑色。单击"图层 1"的第 1 帧，在舞台上输入文本"2"，如图 3-37 所示。
- 在"图层 1"的第 20 帧处单击鼠标右键，在弹出的快捷菜单中选择"插入关键帧"命令，使用选择工具双击舞台上的文本"2"将其改为文本"3"，如图 3-38 所示。
- 单击"图层 1"的第 1 帧，选择舞台上的文本"2"，使用【Ctrl+B】组合键将其打散，同样的方法将文本"3"打散，打散后的文本如图 3-39 所示。

图 3-37　文本"2"　　　　图 3-38　文本"3"　　　　图 3-39　打散后的文本

- 选择"图层 1"中第 1～20 帧范围内的任意帧，单击鼠标右键，在弹出的快捷菜单中选择"创建补间形状"命令或者执行菜单"插入"→"创建补间形状"命令，创建补间形状，此时时间轴状态如图 3-40 所示。

图 3-40　时间轴状态

● 按【Ctrl+S】组合键保存文件，按【Ctrl+Enter】组合键测试影片。变形的中间效果如图 3-41 所示。

图 3-41   变形的中间效果

3.4   使用形状提示

在创建补间形状的过程中，图形的变化是随机的，有时并不理想。而使用形状提示功能可以控制形状变化，使形状变化按照预设的方式进行，让动画变形的过程更加细腻。

1. 形状提示的作用

形状提示功能用于控制复杂的形状变化，它可以标识起始形状和结束形状中相对应的点。例如，对花朵设置标记时，可以将标记设置在花朵的周围，这样在形状发生变化时，就不会乱成一团，而是在转换过程中分别变化，起始形状和结束形状中的形状提示如图 3-42 所示。

图 3-42   起始形状和结束形状中的形状提示

形状提示包含字母从 a 到 z，用于识别起始形状和结束形状中相对应的点，最多可以使用 26 个形状提示。起始关键帧中的形状提示是黄色的，结束关键帧中的形状提示是绿色的，当与起始形状提示点不在一条曲线上时为红色。

2. 使用形状提示应遵循的准则

（1）在创建复杂的补间形状时，不能只定义起始和结束的形状，需要先创建中间形状然后再进行补间。

（2）确保形状提示是符合逻辑的。例如，在一个三角形中使用 3 个形状提示，则在原始三角形和要补间的三角形中它们的顺序应相同。

（3）按逆时针顺序从形状的左上角开始放置形状提示，补间的效果最好。

3. 使用形状提示的方法

（1）打开"变化的数字.fla"，选择补间形状序列中的第1个关键帧。

（2）执行菜单"修改"→"形状"→"添加形状提示"命令。起始形状提示在文本"2"的某处显示为一个带有字母 a 的红色圆圈，如图3-43所示。

（3）将形状提示移动到要标记的点。

（4）选择补间序列中的最后一个关键帧，在这儿，结束形状提示显示为一个带有字母 a 的红色圆圈（当与起始形状提示点在一条曲线上时为绿色），如图3-44所示。

（5）将第1帧的起始形状提示及第20帧的结束形状提示分别移动到相应的位置。

（6）再次播放动画，查看形状提示如何更改补间形状，移动形状提示微调补间。

（7）重复这个过程，添加其他的形状提示，提示点分布如图3-45所示。

添加形状提示后的播放效果与添加形状提示前相比，动画变形的过程有了很大的改善。

图 3-43　起始形状提示　　　　图 3-44　结束形状提示　　　　图 3-45　提示点分布

4. 查看所有形状提示

执行菜单"视图"→"显示形状提示"命令，仅当包含形状提示的图层和关键帧处于活动状态时，"显示形状提示"命令才可用。

5. 删除形状提示

要删除某个形状提示，可将其拖离舞台或单击鼠标右键在弹出的快捷菜单中选择"删除提示"命令。要删除所有形状提示，可执行菜单"修改"→"形状"→"删除所有提示"命令。

案例 **7** 秋游快乐行——元件和库

案例描述

使用元件，创建如图3-46所示的"秋游快乐行"动画效果，云彩不时从天空飞过并实现"快乐行"文字动画效果。

图 3-46　"秋游快乐行"动画效果

案例分析

● 通过创建元件，熟悉元件的类型，体会元件的创建和编辑方法。

● 通过调用影片剪辑元件，体会元件在动画制作中的作用。

● 通过改变元件实例的"Alpha 值""大小"等属性，熟悉元件属性的初步设置。

操作步骤

1. 新建一个 Animate 文档，设置舞台大小为"550x400"像素。

2. 导入素材图片，执行菜单"文件"→"导入"→"导入到库"命令，将"背景.ai"和"文字.swf"素材导入库。

3. 将"图层 1"重命名为"背景"，选中第 1 帧，将"背景"图片拖至舞台，打开对齐面板，选中"与舞台对齐"复选框，设置"对齐"为"水平中齐"，"分布"为"垂直居中分布"，"匹配大小"为"匹配宽和高"。

4. 新建元件。执行菜单"插入"→"新建元件"命令或按【Ctrl+F8】组合键，弹出如图 3-47 所示的"创建新元件"对话框，输入元件名"云彩"，并在"类型"下拉列表中选择"图形"，单击"确定"按钮打开元件编辑窗口。

5. 在"云彩"元件编辑窗口，执行菜单"修改"→"文档"命令，打开"文档设置"对话框，将"舞台颜色"设为"黑色"，单击"确定"按钮。选择"钢笔工具""转换锚点工具""部分选取工具"在元件编辑窗口绘制如图 3-48 所示的"云彩"元件。

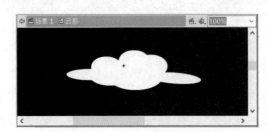

图 3-47　"创建新元件"对话框　　　　图 3-48　绘制"云彩"元件

6. 返回"场景1"，再次按【Ctrl+F8】组合键，创建名为"影片云彩"的影片剪辑元件，单击"确定"按钮。

7. 在打开的影片剪辑元件编辑窗口，选择第1帧，将"云彩"图形元件拖入舞台，放在舞台右侧，打开属性面板（如图 3-49 所示），将色彩效果的"样式"设为"Alpha"，调整Alpha 值为"0%"，如图 3-50 所示。

图 3-49　影片剪辑元件属性面板

图 3-50　调整 Alpha 值为 0%

8. 选择第 25 帧，插入关键帧，将"云彩"图形元件拖至舞台左侧，同时将属性面板中的 Alpha 值调整为 100%。选中第 1～25 帧中的任意一帧，单击鼠标右键，在弹出的快捷菜单中选择"创建传统补间"命令，时间轴及舞台效果如图 3-51 所示。

9. 返回"场景1"，新建一个图层，命名为"动画"，选中第 1 帧将库中影片剪辑元件"影片云彩"拖至舞台 3 次，调整其大小和位置，时间轴及舞台效果如图 3-52 所示。

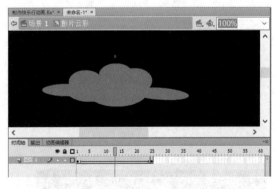

图 3-51　时间轴及舞台效果

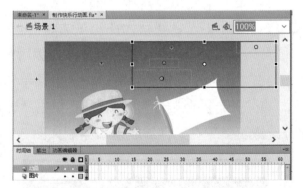

图 3-52　第 1 帧的时间轴及舞台效果

10. 创建按钮元件"快乐行"。执行菜单"插入"→"新建元件"命令或者按【Ctrl+F8】组合键，弹出"创建新元件"对话框，输入元件名"文字按钮"，并在"类型"下拉列表中选择"按钮"，单击"确定"按钮，打开按钮元件的编辑窗口，如图 3-53 所示。选中第 1 帧"弹起"，将"文字"图形元件拖至舞台，选中第 2 帧"指针经过"，插入关键帧，用鼠标右键单击"文字"元件，在弹出的快捷菜单中选择"分离"命令，将元件进行分离，重复此步骤再分离一次，然后打开属性面板，将字符系列改为"汉仪黑咪体简"，如图 3-54 所示，此时再次将文字分离，打开属性面板，改变其填充颜色为"黄色"。

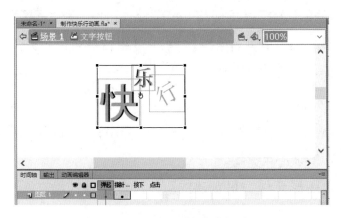

图 3-53 按钮元件的编辑窗口　　　　　图 3-54 "文字"元件的属性面板

11．返回"场景 1"，选中"动画"图层的第 1 帧，在库面板中将文字按钮元件拖至舞台，并调整其位置，此时时间轴及舞台效果如图 3-55 所示。

12．按【Ctrl+S】组合键保存文件，按【Ctrl+Enter】组合键测试影片，动画测试效果如图 3-56 所示。

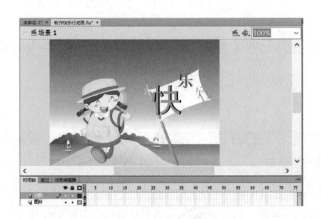

图 3-55 时间轴及舞台效果　　　　　图 3-56 动画测试效果

3.5 元件的分类与创建

1. 元件的概念

元件，是指在 Animate 中创建并保存在库中的图形、按钮或影片剪辑，是制作 Animate 动画的最基本元素。元件只需创建一次，就可以在当前影片或其他影片中重复使用。创建的任何元件，都会自动成为当前"库"的一部分。

在文档中使用元件可以显著减小文件的大小。保存一个元件的几个实例，比保存该元件内容的多个副本占用的存储空间小得多。使用元件还可以加快 SWF 文件的回放速度，因为无论一个元件在动画中被使用了多少次，播放时只需把它下载到 Animate Player 中一次即可。

图 3-57　"库"中的元件

"库"是指库面板，它是 Animate 软件中用于存放各种动画元素的场所，所存放的元素可以是由外部导入的图像、声音、视频，也可以是使用 Animate 软件根据动画需要创建出的不同类型的元件。按【Ctrl+L】组合键可以打开"库"查看元件，如图 3-57 所示。

2. 元件的分类

在 Animate 中，有"图形元件""影片剪辑元件""按钮元件" 3 种元件类型。

（1）图形元件：是创建的可以反复使用的静态图形或图像。

（2）影片剪辑元件：可以创建能重复使用的动画片段。在影片剪辑中可以创建图形图像、视频和动画等，影片剪辑可以脱离主时间轴单独播放。无论影片剪辑的内容有多长，它在主时间轴中只占一个关键帧。在"库"中用图标 来表示。

（3）按钮元件：可以创建用于响应鼠标单击、滑过或其他动作的交互式按钮，从而实现与动画的交互。在使用交互功能时，一般需要为按钮编写代码达到需要的功能。在"库"中用图标 来表示。

在实际使用时，影片剪辑元件中可以嵌套图形元件或按钮元件使用，按钮元件中也可以嵌套影片剪辑元件或图形元件使用。

3. 创建元件

下面以创建影片剪辑元件为例讲解直接创建元件的方法，其他图形元件和按钮元件的创建方法类似，只是在"类型"中选择相应的类型即可。

（1）执行菜单"插入"→"新建元件"命令或按【Ctrl+F8】组合键，弹出"创建新元件"对话框，输入元件名称，并在"类型"下拉列表中选择元件类型为"影片剪辑"，单击"确定"按钮，打开元件编辑模式窗口。元件的名称出现在窗口左上角，窗口中的"+"光标，表示元件的定位点。

（2）在元件编辑窗口中，可以使用绘制工具绘制、导入外部的素材、拖入其他元件的实例等方法制作元件。制作完成后，单击左上角的"场景 1"按钮 ，退出元件编辑窗口。

用这种方式创建的新元件只保存在 Animate 的"库"中，并不在工作区中显示。

4. 转换元件

下面以将现有对象转换为图形元件为例讲解转换元件的方法，按钮元件和影片剪辑元件的转换方法与此类似。

（1）启动 Animate 后，打开素材文件"牛.fla"。

（2）单击舞台上的牛，按 F8 键打开"转换为元件"对话框，设置新元件的名称为"吃草的牛"，类型为"图形"，单击"确定"按钮，此时舞台上牛的图形即被转换为图形元件。

（3）在库面板中可看到除了原有的图像文件，还有新转换的图形元件。

5. 编辑元件

可以根据需要对已有的元件进行编辑修改。编辑过程中，可以像创建新元件一样使用任意绘画工具，也可以在元件内导入媒体或其他元件。对元件编辑的结果会反映到它的所有实例中。

（1）在当前位置编辑元件

在这种编辑模式下，当前帧上的所有对象会同时显示在舞台上，便于在编辑时相互参照，未被编辑的对象以灰显方式出现，从而将它们和正在编辑的元件区别开来。正在编辑的元件的名称显示在舞台顶部的编辑栏内，位于当前场景名称的右侧。舞台上右边的牛是被编辑对象，左边的牛是未被编辑的对象，以灰显方式出现。"在当前位置编辑元件"的显示效果如图 3-58 所示。

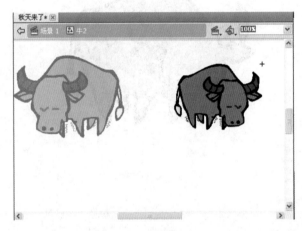

图 3-58　"在当前位置编辑元件"的显示效果

操作方法：

① 在舞台上选择元件的一个实例。可执行下列操作之一启动编辑模式。

● 双击该实例。

● 单击鼠标右键，在弹出的快捷菜单中选择"在当前位置编辑"命令。

● 执行菜单"编辑"→"在当前位置编辑"命令。

② 对元件进行编辑。

③ 可执行下列操作之一退出元件编辑模式。

● 在元件以外双击。

● 单击"返回"按钮⇦。

● 从编辑栏中的"场景"菜单选择当前场景名称。

- 执行菜单"编辑"→"编辑文档"命令。

（2）在新窗口中编辑元件

可以开启一个与当前文档同名的新文档窗口，在主时间轴中对选中的元件进行编辑。

操作方法：

- 在舞台上选择该元件的一个实例，单击鼠标右键，在弹出的快捷菜单中选择"在新窗口中编辑"命令。
- 编辑元件。
- 单击窗口右上角的关闭框关闭新窗口，然后在主文档窗口内单击返回主文档。

（3）在元件编辑模式下编辑元件

使用元件编辑模式，可将窗口从舞台视图更改为只显示被编辑元件的单独视图，被编辑元件的名称显示在舞台顶部的编辑栏内，位于当前场景名称的右侧。"在元件编辑模式下编辑元件"界面如图 3-59 所示。

图 3-59   "在元件编辑模式下编辑元件"界面

操作方法：

① 可执行下列操作之一启动编辑样式。

- 双击库面板中的元件图标。
- 在舞台上选择该元件的一个实例，单击鼠标右键，在弹出的快捷菜单中选择"编辑"命令。
- 在舞台上选择该元件的一个实例，然后执行菜单"编辑"→"编辑元件"命令。
- 在库面板中选择该元件，然后从库面板菜单中选择"编辑"命令，或者用鼠标右键单击库面板中的该元件，在弹出的快捷菜单中选择"编辑"命令。

② 编辑元件。

③ 可执行下列操作之一退出元件编辑模式并返回到文档编辑状态。

- 单击舞台顶部编辑栏左侧的"返回"按钮⇦。
- 执行菜单"编辑"→"编辑文档"命令。

- 单击舞台上方编辑栏内的场景名称。
- 在元件外部双击。

3.6 使用库面板

在 Animate 中，库面板用来显示、存放和组织"库"中所有的项目，包括创建的元件以及从外部导入的位图、声音和视频等。

执行菜单"窗口"→"库"命令，或者按【Ctrl+L】组合键，可以打开如图 3-60 所示的库面板。"库"中项目名称左边的图标标明了它的文件类型。当选择"库"中的项目时，面板的顶部会出现该项目的缩略图预览。如果选定的项目是动画或声音文件，则可以使用库预览窗口或"控制器"中的"播放"按钮预览该项目。

图 3-60 库面板

3.7 元件的实例

1. 创建实例

将库面板中的元件拖入舞台后，拖曳到舞台上的对象即成为实例。在文档的任何位置，包括在其他元件的内部，都可以创建元件的实例。

"库"中的元件只有一个，但通过一个元件可以创建无数个实例，并且使用实例并不会增加文件的大小。若进入所创建实例的编辑模式对实例进行编辑，则舞台上所有的实例和"库"中对应的元件均被更改。如图 3-61 所示，舞台上的所有小草实例，都是用同一个元件创建的。

图 3-61 用同一个元件创建的多个小草实例

2. 设置实例的属性

元件的每个实例都可以拥有各自独立于该元件的属性。当修改元件时，Animate 会自动更新元件的所有实例；而对实例所做的更改只会影响实例本身，并不会影响元件。可以在如图 3-62 所示的属性面板中，更改实例的名称、颜色、类型、混合等属性。

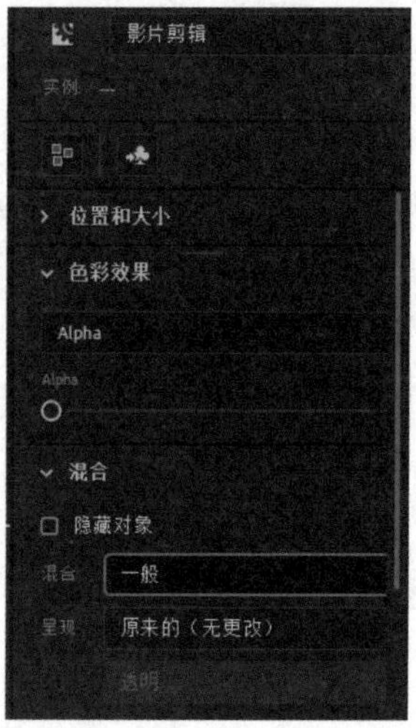

（1）为实例命名

通过为按钮或影片剪辑实例命名，可以更容易的区分实例。在使用"脚本"时，只有使用实例名称，才能把该实例指定为脚本的目标路径。

操作方法：选择实例，单击属性面板的"实例名称"框，然后输入名称。

（2）更改实例类型

图 3-62 属性面板

通过改变实例的类型，可以使实例获得区别于其他类型元件的属性。例如，要为一个图形实例添加"混合"效果，可以先把它改为影片剪辑类型。更改实例的类型，并不会更改该实例所对应元件的类型。

操作方法：在舞台上选择实例，单击属性面板中的"实例行为"框，从列表中选择一种其他的类型即可。

（3）更改实例颜色

操作方法：在舞台上选择实例，单击属性面板中的"色彩效果"选项，从下列列表中选择一项进行设置即可。

● 亮度：改变实例的明亮程度，可在最暗（-100%）和最亮（100%）之间设置不同的明亮程度。

● 色调：为实例叠加一种颜色。调整"色彩数量"滑块，可以改变叠加量。

● Alpha：改变实例的透明度，可在完全透明（0%）和完全不透明（100%）之间设置不同的透明程度。

● 高级：可以更精细地同时设定"色调"和"Alpha"两项的值。

（4）应用混合模式

应用混合模式，可以混合重叠影片剪辑或按钮中的颜色，从而创造独特的效果。混合的效果不仅取决于要应用混合的对象的颜色，还取决于位于对象下面的基础颜色。在应用时，可以多试验几种不同的混合模式，以获得最佳效果。

操作方法：在舞台上选择实例，单击属性面板中的"混合"框，打开如图 3-63 所示的下拉列表，从中选择一种模式。

（5）交换实例

可以用其他元件的实例替换当前的实例，新元件的实例，将保留原始实例的所有属性（如位置、滤镜、颜色等）。

操作方法如下。

● 选中要交换的实例，打开属性面板。在属性面板上可查看原始实例的属性。例如，选择如图 3-64 所示改变方向和大小的"牛 1"实例，它的属性如图 3-65 所示。

图 3-63 "混合"下拉列表

图 3-64 "牛 1"实例

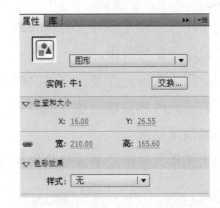

图 3-65 "牛 1"实例的属性

● 单击"交换"按钮，弹出如图 3-66 所示的"交换元件"对话框，从中选择要交换的元件，然后单击"确定"按钮。例如，选择"牛 2"元件进行交换。这时"牛 2"实例就会替换"牛 1"实例，并且继承"牛 1"的所有属性（方向和大小），效果如图 3-67 所示。

（6）分离实例：可以将实例与其对应的元件分离，使其不再与元件存在关联，成为一个独立的对象。例如，要用某个实例制作变形动画时，就需要先分离该实例。

操作方法：选中实例，执行菜单"修改"→"分离"命令，或按【Ctrl+B】组合键，即可将实例分离。

图 3-66　"交换元件"对话框

图 3-67　继承了方向和大小的效果

3.8　影片剪辑与图形元件的关系

1.　二者的关系

在 Animate 的元件中，图形元件和影片剪辑元件都可以包含动画片段，二者也可以相互嵌套、转换类型和相互交换实例，但它们之间也存在很多差别。

（1）图形元件不支持交互功能，也不能添加声音、滤镜和混合模式效果，而影片剪辑元件可以。

（2）图形元件没有独立的时间轴，它与主文档共用时间轴，所以图形元件在 FLA 文件中的尺寸也小于影片剪辑。

（3）因为图形元件使用与主文档相同的时间轴，所以在文档编辑模式下可以预览动画；而影片剪辑元件拥有自己独立的时间轴，在舞台上显示为一个静态对象，因此在文档编辑模式下不能预览动画。

（4）图形元件的动画播放效果会受到舞台主时间轴长度的限制，而影片剪辑元件动画却不会。

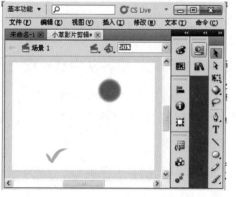

图 3-68　实例的属性

2.　验证方法

可以通过以下方法验证二者的区别。

（1）在舞台上同时放置一个影片剪辑动画实例"小草"和一个图形元件动画实例"太阳"。把图形元件实例的"图形选项"属性设为"循环，1"，如图 3-68 所示，"小草"是影片剪辑元件实例，"太阳"是图形元件实例，这时它们在主时间轴只占了 1 帧。

（2）选中图形元件实例，查看"滤镜"和"混合"选项，二者以灰色显示，表示不可用。选中影片剪辑实例，可以设置"滤镜"和"混合"。

（3）按 Enter 键，二者在舞台上均会保持静止状态；按【Ctrl+Enter】组合键，在影片测试状态下影片剪辑动画可以播放，而图形元件动画仍保持静止状态。这是因为虽然把图形元件实例设置成了"循环"状态，但受到主时间轴只有 1 帧的限制，只能播放它的第 1 帧，而影片剪辑实例则不受此限制。

（4）在主时间轴第 10 帧处按 F5 键插入帧，其他设置不变。按 Enter 键，此时舞台上图形元件动画可以播放，而影片剪辑元件动画则保持静止；按【Ctrl+Enter】组合键，在影片测试状态下两个动画都能播放。

案例⑧ 经典咏流传——传统补间动画

案例描述

制作传统补间动画，实现图片的透明度、大小、位置及形状的变化。如图 3-69 所示为经典咏流传——传统补间动画效果图。

图 3-69　经典咏流传——传统补间动画效果图

案例分析

- 制作传统补间动画，实现图片的透明度、大小、位置及形状的变化。
- 在传统补间动画属性面板中设置"Alpha"值的变化效果。

操作步骤

1. 启动 Animate，打开素材文件"经典咏流传.fla"。

2. 单击"新建图层"按钮，新建"图层 1"并重命名为"苔"。在第 1 帧处，打开库面板，将"苔.jpg"拖至舞台，打开对齐面板，选中"与舞台对齐"复选框，设置"对齐"为

"水平中齐"，"分布"为"垂直居中分布"，"匹配大小"为"匹配宽和高"。

3．选择"苔.jpg"，按 F8 键，将舞台上的文件转换为图形元件，打开"转换为元件"对话框，设置"名称"为"苔"，"类型"为"图形"。在第 1 帧处，选中图形，打开属性面板，设置"色彩效果"的样式为"Alpha"，并设置其值为"0%"。在第 10 帧处按 F6 键插入关键帧，调整其"Alpha"值为"100%"。选中第 1～10 帧之间的任意一帧，单击鼠标右键，在弹出的快捷菜单中选择"创建传统补间"命令。

4．在第 20 帧处插入关键帧，让图片持续显示，然后在第 30 帧处插入关键帧，调整其"Alpha"值为"0%"，在第 20～30 帧中的任意一帧处单击鼠标右键，在弹出的快捷菜单中选择"创建传统补间"命令。

5．单击"新建图层"按钮 🖿，新建"图层 2"并重命名为"明日歌"。选中第 30 帧，插入关键帧，将库面板中的"明日歌.jpg"拖至舞台，按 F8 键将舞台上的文件转换为图形元件。打开"转换为元件"对话框，设置"名称"为"明日歌"，"类型"为"图形"。同步骤 3，4，在第 30 帧调整其"Alpha"值为"0%"，第 40 帧调整其"Alpha"值为"100%"，创建传统补间动画。在第 50 帧和第 60 帧处分别插入关键帧，并分别调整其"Alpha"值为"100%"和"0%"，并创建传统补间动画，实现图片的淡入淡出效果。图层 1 和图层 2 的时间轴如图 3-70 所示。

图 3-70　图层 1 和图层 2 的时间轴

6．单击"新建图层"按钮 🖿，新建"图层 3"并重命名为"送元二"。选中第 50 帧，插入关键帧，将库面板中"送元二.jpg"拖至舞台，按 F8 键将舞台上的文件转换为图形元件。打开"转换为元件"对话框，设置"名称"为"送元二"，"类型"为"图形"。单击舞台上的图形元件实例，使用"任意变形工具" 🖿 将实例缩小，如图 3-71 所示。选中第 60 帧插入关键帧，将实例大小调整至舞台大小。选中第 50～60 帧中的任意一帧，创建传统补间，将实例由小变大，如图 3-72 所示。

图 3-71　实例缩小

图 3-72　实例由小变大

7. 在第 70 帧和 80 帧处插入关键帧，选中第 80 帧，使用"任意变形工具" ⊞将实例缩小，并将其属性面板中的"Alpha"值调整为"0%"，实现实例由大到小逐渐消失的效果。

8. 单击"新建图层"按钮 ⊡，新建"图层 4"并重命名为"赠从弟"。选中第 70 帧插入关键帧，将库面板中"赠从弟.jpg"拖至舞台，按 F8 键将舞台上的文件转换为图形元件。打开"转换为元件"对话框，设置"名称"为"赠从弟"，"类型"为"图形"。设置其属性面板的"Alpha"值为"0%"。选中第 80 帧插入关键帧，调整其"Alpha"值为"100%"。选中第 90 帧，插入关键帧，其照片效果如图 3-73 所示，时间轴状态如图 3-74 所示。

9. 单击"新建图层"按钮 ⊡，新建"图层 5"并重命名为"云"，在第 1 帧处将"库"面板中的影片剪辑元件"云动"拖至舞台右侧上边缘。

10. 单击"新建图层"按钮 ⊡，新建"图层 6"并重命名为"经典咏流传"，在第 1 帧处选择"文本工具"在舞台上输入文字"经典咏流传"，打开属性面板，设置"字体颜色"为"橙色"；设置"咏"字的"字符系列"为"华文行楷"，"大小"为"70pt"；设置其余四字的"字符系列"为"华文新魏"，"大小"为"80pt"。将文字置于舞台右上方，舞台布局如图 3-75 所示。选中第 30 帧插入关键帧，调整文字的位置如图 3-76 所示，创建传统补间。

图 3-73　第 90 帧照片的效果　　　　　图 3-74　时间轴状态

图 3-75　舞台布局　　　　　　　　图 3-76　第 30 帧处文字的位置

11．在第 50 帧处插入关键帧，打开变形面板，如图 3-77 所示，进行"倾斜"变形，并调整文字的位置和大小，如图 3-78 所示，设置文字的"Alpha"值为"0%"，创建传统补间。

12．选中第 70 帧插入关键帧，调整文字的状态，如图 3-79 所示，创建传统补间。最终的时间轴状态如图 3-80 所示。

图 3-77　变形面板　　　　图 3-78　第 50 帧处文字　　　　图 3-79　第 70 帧处文字

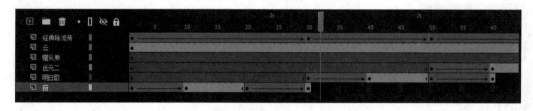

图 3-80　最终的时间轴状态

13．按【Ctrl+S】组合键保存文件，按【Ctrl+Enter】组合键测试影片。

3.9　传统补间动画制作

传统补间动画也是 Animate 中非常重要的表现手段之一，与形状补间动画不同的是，补间动画的对象必须是"元件"或"成组对象"。运用传统补间动画，可以设置元件的大小、位置、颜色、透明度、旋转等属性。

1．补间动画的特点

（1）组成元素

制作补间动画时，两个关键帧上的对象必须是元件实例或"成组对象"，即只有把形状"组合"或者转换成"元件"后才可以制作补间动画。另外，两个关键帧上的对象应为同一对象，同一图层上每个关键帧中只能有一个对象。

（2）在时间轴上的表现形式

创建补间动画后，如图 3-81 所示，两个关键帧之间的背景变为淡紫色，在起始帧和结束帧之间有一个长长的箭头。如果开始帧与结束帧之间不是箭头而是虚线，说明补间没有成功，如图 3-82 所示，原因可能是动画组成元素不符合补间动画规范。

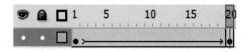

图 3-81　创建补间动画后

图 3-82　补间没有成功

2. 补间动画和补间形状的区别

补间动画和补间形状都属于补间动画类型，前后都各有一个起始帧和结束帧，二者之间的区别见表 3-1。

表 3-1　补间动画和补间形状的区别

区别	补间动画	补间形状
在时间轴上的表现	淡紫色背景加长箭头	淡绿色背景加长箭头
组成元素	影片剪辑、图形元件、按钮	形状；如果使用图形元件、按钮、文字，则必先打散再变形
作用	实现一个元件的大小、位置、颜色、透明度等的变化	实现两个形状之间的变化，或一个形状的大小、位置、颜色等的变化

3. 补间动画的制作方法

（1）在时间轴面板上动画开始播放的地方创建或选择一个关键帧，并在关键帧上设置一个元件，注意一个帧中只能放一个项目。

（2）在动画结束的地方创建或选择一个关键帧并设置该元件实例的属性。

（3）选择开始帧和结束帧之间的任意帧，执行下列操作之一：

- 单击鼠标右键，在弹出的快捷菜单中选择"创建传统补间"命令。
- 执行菜单"插入"→"创建传统补间"命令。

3.10　补间动画的属性

在时间轴上创建的"补间动画"的任意帧上单击，选择"属性"按钮，打开属性面板。

（1）"缓动"选项

单击"缓动"选项右边的数值"0"，在文本框中输入数值。补间动画将根据设置做出相应的变化。

- 在 -1 到 -100 的负值之间，动画运动的速度从慢到快，朝运动结束的方向加速补间。
- 在 1 到 100 的正值之间，动画运动的速度从快到慢，朝运动结束的方向减慢补间。
- 默认情况下，补间帧之间的变化速率是不变的。

（2）"编辑缓动"按钮

单击"编辑缓动"按钮 ✐，弹出"自定义缓入/缓出"对话框，如图 3-83 所示。可以通过调整曲线形状，设置动画的缓入/缓出效果，如图 3-84 所示。

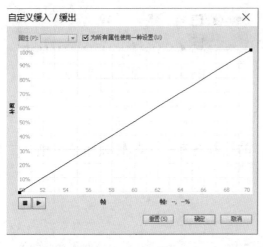

图 3-83 "自定义缓入/缓出"对话框

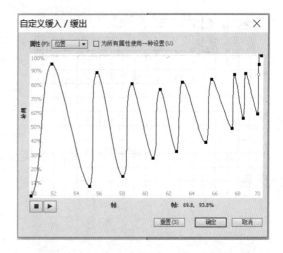

图 3-84 设置动画的缓入/缓出效果

（3）"旋转"选项

● 无（默认设置）：禁止对象旋转。

● 自动：对象以最小的角度旋转 1 次，直到终点位置。

● 顺时针及次数：使对象在运动时顺时针旋转相应的圈数。

● 逆时针及次数：使对象在运动时逆时针旋转相应的圈数。

（4）"调整到路径"复选框

勾选该复选框，将补间元素的基线调整到运动路径，主要用于引导线运动，此项功能将在"模块 4"中介绍。

（5）"同步"复选框

勾选该复选框，可以确保实例在主文档中正确地循环播放。如果元件中动画序列的帧数不是文档中图形实例所占用帧数的偶数倍，应使用"同步" 命令。

（6）"贴紧"复选框

勾选该复选框，可使对象沿路径运动时自动捕捉路径。

案例⑨ 海底世界——补间动画

案例描述

制作海底世界补间动画，如图 3-85 所示，实现"鱼"图形实例位置与旋转方向的变化。

图 3-85　海底世界补间动画

案例分析

● 制作补间动画实现"鱼"图形实例位置与旋转方向的变化。

● 了解补间动画与传统补间动画的区别。

操作步骤

1．启动 Animate，打开素材文件"海底世界.fla"。

2．新建一个图层并重命名为"鱼"。打开库面板，将"鱼.png"拖入舞台如图 3-86 所示的位置。

3．选择"鱼.png"，按 F8 键，将舞台上的文件转换为图形元件。打开"转换为元件"对话框，设置"名称"为"鱼"，"类型"为"图形"。在第 100 帧处按 F5 键插入一帧。选中"鱼"图层的第 1～100 帧中的任意一帧，单击鼠标右键，在弹出的快捷菜单中选择"创建补间动画"命令，此时底纹变成了浅蓝色。

4．单击"鱼"图层第 20 帧，将舞台上的"鱼"实例向下方拖曳到如图 3-87 所示位置。伴随着鱼的移动将出现一条带有菱形的点状线，同时在"时间轴"第 20 帧处出现一个菱形的黑色方块。

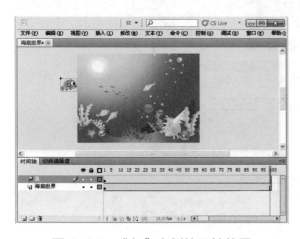

图 3-86　"鱼"实例的开始位置

图 3-87　"鱼"实例的第 20 帧位置

5. 单击"鱼"图层的第 40 帧，将舞台上的"鱼"实例向右上方移动，如图 3-88 所示。随着鱼的移动会出现带有菱形的点状线，同时在"时间轴"第 40 帧处出现一个菱形黑色方块。使用"任意变形工具" 变换鱼的形状。

6. 用同样的方法设置第 60 帧、100 帧的"鱼"实例的位置及形状。"鱼"实例的位置轨迹如图 3-89 所示。

图 3-88　"鱼"实例的第 40 帧位置　　　　　图 3-89　"鱼"实例的位置轨迹

7. 单击工具栏中"钢笔工具" 右侧的三角按钮，在下拉列表中选择"转换锚点工具" ⌐或按【Shift+C】组合键，将舞台上的运动轨迹调整为圆滑的曲线（也可以使用"部分选取工具" ⌐调整轨迹上关键点的位置），调整后的圆滑轨迹效果如图 3-90 所示。

图 3-90　圆滑轨迹效果

8. 按【Ctrl+S】组合键保存文件，按【Ctrl+Enter】组合键测试影片。

3.11　补间动画制作

补间动画功能强大，且易于创建，通过补间动画可对需要补间的动画进行最大限度地控制。可补间的对象类型包括影片剪辑、图形和按钮元件及文本字段。

1. 创建补间动画

（1）创建位置补间动画

- 在舞台上选择要补间的一个或多个对象。
- 执行下列操作之一：

  执行菜单"插入"→"创建补间动画"命令。

  单击鼠标右键，在弹出的快捷菜单中选择"创建补间动画"命令。

注意：如果对象不是可补间的对象类型，或者在同一图层上选择了多个对象，将显示一个对话框，通过该对话框可以将所选内容转换为影片剪辑元件。

- 在时间轴中拖动补间范围的任一端（当鼠标指针变为↔时拖动），按所需长度缩短或延长范围。

（2）创建非位置属性的补间动画

- 选择舞台上的对象。
- 执行菜单"插入"→"创建补间动画"命令。
- 将播放头放到补间范围中要指定属性的某个帧上。
- 在舞台上选定对象后，使用属性面板或工具面板中的工具可设置非位置属性（如 Alpha 和倾斜等）的值。

2. 编辑补间的运动路径

（1）更改补间对象的位置

将播放头移动到补间的任意位置，移动补间的目标对象。

- 打开素材"改变路径 1.fla"。
- 将播放头放于要改变位置的帧上。
- 拖动舞台上对应的目标实例，更改补间对象的位置如图 3-91 所示。

（2）使用"选取工具" ![选取工具] "部分选取工具" ![部分选取工具] 或"任意变形工具" ![任意变形工具] 编辑运动路径的形状。

- 在工具栏中单击"选取工具" ![选取工具] 。
- 单击舞台上的空白区域。
- 将指针放于路径旁，当指针形状变为 ![指针] 时，拖动指针即可改变路径。使用"选取工具"编辑路径如图 3-92 所示。
- 若要更改关键帧上的贝塞尔控制点，则应选择"部分选取工具" ![部分选取工具] ，如图 3-93 所示。
- 使用"任意变形工具" ![任意变形工具] 编辑运动路径，如图 3-94 所示。选择好运动路径后（注意不要选择目标实例），可对其进行缩放、倾斜、旋转等操作。

图 3-91　更改补间对象的位置

图 3-92　使用"选取工具"编辑路径

图 3-93　更改贝塞尔控制点

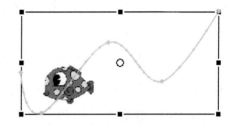

图 3-94　使用"任意变形工具"编辑运动路径

3. 使用动画编辑器制作动画

"动画编辑器"是对补间动画进行倾斜、旋转或制作缓动效果的界面，如图 3-95 所示。

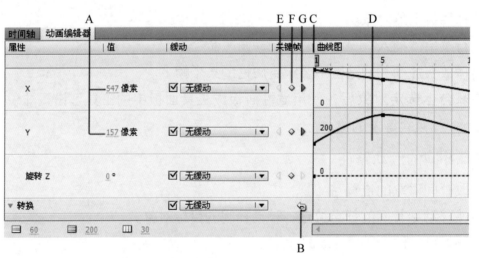

A 属性值　　B 重置按钮　　C 播放头　　D 属性曲线区域　　EG 上/下一关键帧按钮　　F 删除/添加关键帧按钮

图 3-95　动画编辑器界面

以下几条有助于了解动画编辑器：

- 选择时间轴中的补间范围或者舞台上的补间对象或运动路径后，动画编辑器即会显示该补间的属性曲线。
- 动画编辑器在网格上显示属性曲线，网格表示时间轴上的各个帧。
- 动画编辑器使用二维图来表示补间的属性值。每个属性都有自己的图形，每个图形的水平方向表示时间（从左到右），垂直方向表示属性值的大小。
- 每个属性的关键帧将显示为属性曲线的控制点，按住 Ctrl 键的同时单击控制点可以选定控制点。

- 在动画编辑器中通过单击鼠标右键的方式建立关键帧，并使用贝塞尔控件处理曲线，可以精确控制大多数属性曲线的形状。对于 X、Y、Z 的属性，可以添加和删除关键帧但不能使用贝塞尔控件。
- 使用动画编辑器还可以对任何属性曲线应用缓动。

3.12 补间动画与传统补间的区别

1．传统补间使用关键帧，关键帧是显示对象的新实例的帧；补间动画只能有一个与之关联的对象实例，使用属性关键帧而不是关键帧。

2．补间动画在补间范围内由一个目标对象组成。

3．补间动画与传统补间都只允许对特定类型的对象进行补间。若应用补间动画，则在创建补间时会将所有不允许的对象类型转换为影片剪辑元件，而传统补间会把不允许的对象类型转换为图形元件。

4．补间动画会将文本视为可补间的类型，不会将文本对象转换为影片剪辑，而传统补间会将文本转换为形状补间。

5．在补间动画范围内不允许帧脚本，而传统补间允许帧脚本。

6．补间目标上的任何对象脚本都无法在补间动画范围的进程中更改。

7．补间动画在时间轴中能够对补间动画范围进行拉伸和调整大小，并将它们视为单个对象；传统补间在时间轴中可通过移动关键帧的位置调整传统补间的范围。

8．若要在补间动画范围中选择单个帧，则必须按住 Ctrl 键并单击帧。

9．对于传统补间，缓动可应用于补间内关键帧之间的帧组；对于补间动画，缓动可应用于补间动画范围的整个长度。若要仅对补间动画的特定帧应用缓动，则需要创建自定义缓动曲线。

10．利用传统补间，能够在两种不同的色彩效果（如色调和 Alpha）之间创建动画；补间动画只能够对每个补间应用一种色彩效果。

11．使用补间动画可以为 3D 对象创建动画效果，而传统补间则不能为 3D 对象创建动画效果。

12．只有补间动画才能保存为动画预设。

13．对于补间动画，无法交换元件或设置属性关键帧中显现的图形元件的帧数，而传统补间则可以应用这些技术。

3.13 动画预设

动画预设是预配置的补间动画，可以将它们应用于舞台上的对象。动画预设面板中有两个选项，分别为"默认预设"和"自定义预设"。"默认预设"中存放着 Animate 内置的 30

种动画效果，使用这些动画效果可以快捷地为现有影片剪辑设置不同类型的动画，还可以将现有的动画保存为"自定义预设"，方便日后使用。

1. 预览动画预设

Animate 随附的每个动画预设都包括预览。应用以下步骤可以预览动画预设。

- 执行菜单"窗口"→"动画预设"命令，打开动画预设面板。
- 双击"默认预设"文件夹，如图 3-96 所示。从列表中选择一个动画预设，在面板顶部的预览窗格中进行播放。
- 在预览面板外单击可停止播放预览。

2. 应用动画预设

若要应用动画预设可执行以下操作。

- 在舞台上选择可以补间的对象。如果将动画预设应用于无法补间的对象，则会显示一个对话框，将该对象转换为元件。
- 在动画预设面板中选择一种预设。
- 单击动画预设面板中的"应用"按钮，或在所选的动画预设上单击鼠标右键，在弹出的快捷菜单中选择"在当前位置应用"命令。

3. 将补间另存为"自定义动画预设"

若要将补间另存为自定义动画预设，可执行下列步骤。

- 选择以下项之一：
  时间轴中的补间范围。
  舞台上应用了自定义补间的对象。
  舞台上的运动路径。
- 单击动画预设面板中的"将选区另存为预设"按钮，或用鼠标右键单击选定内容，在弹出的快捷菜单中选择"另存为动画预设"命令，如图 3-97 所示。

图 3-96　默认预设

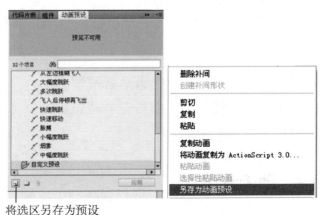

将选区另存为预设

图 3-97　另存为动画预设

一、填空题

1. 时间轴中图层或文件夹名称旁边的铅笔图标表示该图层或文件夹处于_____状态，一次可以选择_____个图层，但一次只能有_____个图层处于活动状态。

2. 按住 Alt 键的同时单击图层或文件夹名称右侧的"眼睛"列，显示或隐藏_____的所有图层。

3. 选择多个连续帧，可以按住_____键并单击其他帧；选择多个不连续的帧，可以按住_____键并单击其他帧。

4. 要将图层中不同的对象分散到图层，应选择所有对象并单击鼠标右键，在弹出的快捷菜单中选择_____。

5. 元件，是指在 Animate 中创建并保存在库中的图形、按钮或影片剪辑，是制作 Animate 动画的_____。

6. 在 Animate 中，有_____、影片剪辑元件和_____三种元件类型。

7. 图形元件不支持交互功能，也不能添加声音、滤镜和混合模式效果，而_____元件可以。

8. 要编辑补间动画的运动路径可以使用"_____工具""部分选择工具"或"_____工具"。

9. 补间动画中每个属性的关键帧将显示为属性曲线的控制点。按_____键并单击控制点可以选定控制点。

10. 直接创建"影片剪辑元件"的快捷键是_____。

二、上机实训

1. 使用逐帧动画技术，制作出如图 3-98 所示的文字逐帧动画效果，最终效果参见"文字逐帧动画.swf"。

2. 使用形状补间动画，利用提供的素材，实现 LOADING……下载条的动画效果，如图 3-99 所示，最终效果参见"LOADING……下载条.swf"。

图 3-98 文字逐帧动画效果　　　　　　图 3-99 LOADING……下载条

3．利用提供的素材制作传统补间动画，实现如图 3-100 所示的效果，最终效果参见文件"龟兔赛跑.swf"。

4．利用提供的素材制作补间动画，实现如图 3-101 所示的效果，最终效果参见文件"足球.swf"。

图 3-100　传统补间动画效果

图 3-101　补间动画效果

模块 4

····· **高级动画**

案例 ⑩ 花好月圆——引导层动画

案例描述

通过使用运动引导层，制作蝴蝶飞舞的"花好月圆"动画，效果如图4-1所示。

图 4-1 "花好月圆"动画效果

⌚ 案例分析

● 绘制蝴蝶飞舞的运动轨迹，作为运动引导路径。

● 为"蝴蝶"元件创建传统补间动画，让蝴蝶沿引导线运动。

● 修改文字元件的 Alpha 值，实现文字"花好月圆"渐显的效果。

⚙ 操作步骤

1. 在 Animate 中新建 ActionScript 3.0 文档，设置舞台大小为"640×480"像素。按【Ctrl+S】组合键保存文件，命名为"花好月圆.fla"。

2. 把"图层_1"重命名为"背景"，执行菜单"文件"→"导入"→"导入到舞台"命令，将"背景.jpg"导入舞台，并调整其大小及位置与舞台对齐。选中"背景"层的第 500 帧，按 F5 键插入帧。锁定该图层。

3. 在"背景"层上方创建新图层，命名为"文字"。执行菜单"文件"→"导入"→"导入到舞台"命令，将"花好月圆.png"导入舞台，并将其转化为图形元件，调整其大小及位置，导入文字后的效果如图 4-2 所示。

4. 执行菜单"文件"→"导入"→"导入到库"命令，将"蝴蝶.gif"导入库面板。在"文字"图层的上方创建新图层，命名为"蝴蝶"。将库面板中的"蝴蝶.gif"拖入舞台，并调整其大小及位置，导入蝴蝶后的效果如图 4-3 所示。

图 4-2　导入文字后效果

图 4-3　导入蝴蝶后的效果

5. 在"蝴蝶"图层的名称上单击鼠标右键，在弹出的快捷菜单中选择"添加传统运动引导层"命令，此时"蝴蝶"层上方添加了名称为"引导层：蝴蝶"的运动引导层，"蝴蝶"图层的图标向右缩进，成为被引导层，时间轴状态如图 4-4 所示。选择引导层的第 1 帧，利用"传统画笔工具"绘制如图 4-5 所示的运动引导路径。

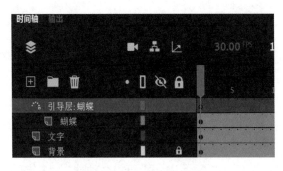
图 4-4　时间轴状态

图 4-5　绘制的运动引导路径

6. 选择"蝴蝶"层的第 1 帧，拖动舞台中的"蝴蝶"元件，使它中心的圆圈吸附到引导线的右端点，对齐效果如图 4-6 所示。选择"蝴蝶"层的第 400 帧，插入关键帧，拖动舞台中的"蝴蝶"元件，使它中心的圆圈吸附到引导线的左端点，对齐效果如图 4-7 所示。

图 4-6　第 1 帧对齐效果

图 4-7　第 400 帧对齐效果

7. 选择"蝴蝶"图层第 1～400 帧中的任意一帧，单击鼠标右键，在弹出的快捷菜单中选择"创建传统补间"命令。在补间属性面板中，勾选"贴紧"选项。

8. 选择"文字"图层的第 1 帧，选中舞台中的文字，在文字元件的属性面板中，调整文字元件的"Alpha"值为"0%"，文字效果如图 4-8 所示。选中"文字"图层的第 380 帧，插入关键帧。继续选中第 400 帧，插入关键帧，并调整文字元件的"Alpha"值为"100%"，文字效果如图 4-9 所示。

图 4-8　第 1 帧中的文字效果

图 4-9　第 400 帧中的文字效果

9. 选择"文字"图层第 380～400 帧中的任意一帧，单击鼠标右键，在弹出的快捷菜单中选择"创建传统补间"命令。

10．按【Ctrl+S】组合键保存文件，按【Ctrl+Enter】组合键测试影片。播放效果如图 4-1 所示。

4.1　运动引导动画

运动引导动画是指被引导的对象沿着引导层指定的路径进行运动的动画。与传统补间动画的主要区别在于运动引导动画至少需要两个图层配合作用，上面是引导层，用于绘制运动路径，下面是被引导层，用于放置运动的对象。

1．普通引导层

使用引导层，可以帮助用户对齐对象。引导层不会导出，因此不会显示在发布的 SWF 文件中。

用户可以使用"钢笔工具""铅笔工具""画笔工具""线条工具""椭圆形工具""矩形工具"等在引导层绘制所需的引导路径。

用鼠标右键单击普通图层名称，从弹出的快捷菜单中选择"引导层"命令，图层名称左侧会出现一个图标 ，表明该图层为引导层。要将该图层改回普通图层，可再次选择"引导层"命令。普通引导层只有链接了被引导层，才会发挥运动引导的功能。

2．运动引导层

补间动画只能实现对象的直线运动或较简单的曲线运动，使用运动引导层可以控制传统补间动画中对象的精确、复杂运动。在 Animate CC 中制作运动引导动画，至少需要两个图层：引导层位于上方，主要用于创建运动路径；被引导层位于下方，用于放置运动对象，对象的运动形式必须是传统补间动画。可以将多个层绑定到一个运动引导层，使多个对象沿同一条路径运动，效果如图 4-10 所示。

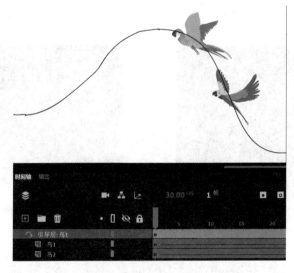

图 4-10　多个对象沿用一条路径运动效果

引导层中的路径可以用"钢笔""铅笔""线条""圆形""矩形"或"刷子"等工具绘制，也可以借助复制"笔触"生成。

3. 创建运动引导动画的方法

（1）创建有传统补间动画的动画序列。

（2）用鼠标右键单击包含传统补间的图层名称，在弹出的快捷菜单中选择"添加传统运动引导层"命令，Animate 会在传统补间图层上方添加一个运动引导层，该图层名称的左侧有一个运动引导层图标 。包含传统补间动画的图层成为被引导层，在运动引导层的下方以缩进的形式与引导层链接在一起，效果如图 4-10 所示。

（3）在运动引导层中绘制所需的路径。

（4）调整被引导层中对象的位置，使其第一帧对齐路径的开头，最后一帧对齐路径的结尾。

4. 将图层链接到运动引导层

要使用已有的引导路径创建动画，可将图层拖至运动引导层的下方，该图层将自动转化为被引导层并以缩进的形式显示。

5. 断开图层和运动引导层的链接

将被引导层转换为一般图层，可选择要断开链接的图层，执行下列操作之一：

- 将被引导层拖至引导层的上方或向时间轴面板的左下方空白处拖动。
- 执行菜单"修改"→"时间轴"→"图层属性"命令，在打开的如图 4-11 所示的"图层属性"对话框中选择图层类型为"一般"。

如果没有任何图层和运动引导层链接在一起，运动引导层会变为普通引导层，图标变为 ，如图 4-12 所示。

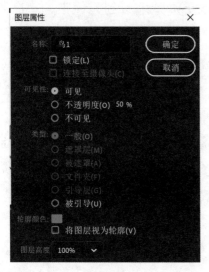

图 4-11 "图层属性"对话框

图 4-12 断开链接后的普通引导层

6. 运动引导动画制作技巧

（1）调整到路径

创建补间动画时，如果选择了补间属性面板上的"调整到路径"，补间元素的基线就会调整到运动路径，运动对象会根据路径形状调整角度，动画效果更加逼真。如图 4-13 所示，右图选择了"调整到路径"属性，左图则没有。

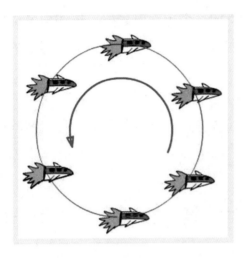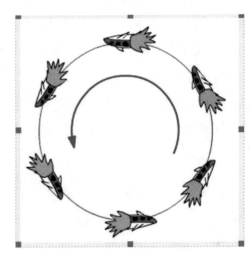

图 4-13　是否使用"调整到路径"属性的运动轨迹比较

（2）对齐元件到路径

● 选择补间属性面板上的"贴紧"选项，补间元素的注册点会主动吸附到路径上。

● 如果元件为不规则的形状，可以使用"任意变形工具"来调整注册点，通过调整元件的注册点能获得最好的对齐效果。

● 如果对齐时没有吸附感，可以激活工具栏中的"贴紧至对象"按钮ⵕ。当元件对齐到路径上的时候，注册点处的圆圈会变大，拖动元件时会有吸附的感觉。

● 单击工具栏的"缩放工具"放大场景，可以更清楚地看到元件中的小圆圈，方便实现对齐。

（3）使用路径技巧

● 路径必须是连续、不间断的。

● 当使用填充形状作为路径时，元件会沿着形状的边缘运动。

● 对象运动时会选择开始点与结束点之间的最短路径。若路径的形状是完全封闭的，如圆形，则对象的运动方向往往与制作意图不符，无法按照圆形路径的形状完成圆周运动，这时只需把封闭路径擦出一个小缺口即可。

● 在工作时只显示对象的移动状态，可以隐藏引导层。

● 运动引导线在动画发布时是看不到的，所以引导线的颜色可以随意设置。

江南水乡——遮罩动画

案例描述

通过设置遮罩，制作"江南水乡"的风景展示动画，效果如图 4-14 所示。

图 4-14 "江南水乡"的风景展示动画效果

案例分析

● 以琵琶面板部分的圆弧形区域作为遮罩层，以风景和人物的图像作为被遮罩层。

● 利用补间动画实现被遮罩层风景和人物的透明度、大小及位置的变化。

操作步骤

1. 在 Animate 中新建 ActionScript 3.0 文档，设置舞台大小为"500×400"像素。按【Ctrl+S】组合键保存文件，命名为"江南水乡.fla"。

2. 把"图层_1"重命名为"背景"，执行菜单"文件"→"导入"→"导入到舞台"命令，导入图片素材"背景.jpg"至舞台，将其缩放到与舞台尺寸相同。选中"背景"图层的第 300 帧，按 F5 键插入帧。锁定该图层。

3. 在"背景"图层之上创建新图层，命名为"琵琶"。导入图片素材"琵琶.png"至舞台，将其调整到合适的大小及位置，效果如图 4-15 所示。

4．在"琵琶"图层之上创建新图层，命名为"遮罩"。利用"线条工具""选择工具""颜料桶工具"绘制如图 4-16 所示的图形（图形的填充颜色任意）。

图 4-15　琵琶的位置及大小　　　　　　　图 4-16　遮罩层绘制图形

5．按【Ctrl+F8】组合键新建图形元件，命名为"风景"。执行菜单"文件"→"导入"→"导入到舞台"命令，导入素材"风景.jpg"。返回场景 1，用同样的方法，新建名称为"人物"的图形元件，并将素材"人物.jpg"导入舞台。

6．返回场景 1，在"遮罩"层的下方创建新图层，命名为"被遮罩"。选中"被遮罩"层的第 1 帧，将库中的"风景"元件拖至舞台，调整合适的大小及位置，效果如图 4-17 所示。

7．在"被遮罩"层的第 70 帧、140 帧位置分别插入关键帧。选中第 1 帧中的"风景"元件，将元件的"Alpha"值调整为"0%"。选中第 140 帧中的元件，调整其大小及位置，效果如图 4-18 所示。

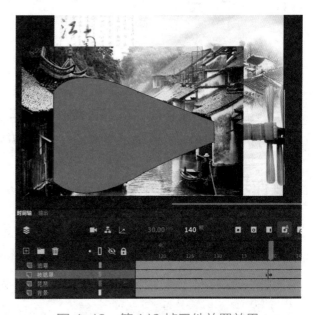

图 4-17　第 1 帧元件放置效果　　　　　　图 4-18　第 140 帧元件放置效果

8．选择第 1~70 帧之间的任一帧，单击鼠标右键，在弹出的快捷菜单中选择"创建传统补间"命令。用同样的方法，在第 70~140 帧中间创建传统补间。

9. 在"被遮罩"层的第 150 帧位置插入关键帧，选中"风景"元件，单击鼠标右键，在弹出的快捷菜单中选择"交换元件"命令，将"风景"元件交换为"人物"元件，参考如图 4-17 所示效果调整其大小及位置。

10. 分别在第 220 帧、290 帧位置插入关键帧。选中第 150 帧中的"人物"元件，将元件的"Alpha"值调整为"0%"。选中第 290 帧中的"人物"元件，参考如图 4-18 所示效果调整其大小及位置。

11. 分别在第 150~220 帧、220~290 帧中间创建传统补间。

12. 在"遮罩"层名称上单击鼠标右键，在弹出的快捷菜单中选择"遮罩层"命令，此时"被遮罩"层会自动缩进。遮罩效果如图 4-19 所示。

图 4-19 遮罩效果

13. 按【Ctrl+S】组合键保存文件，按【Ctrl+Enter】组合键测试影片。播放效果如图 4-14 所示。

4.2 遮罩动画

遮罩动画是通过创建遮罩层制作的动画，是 Animate CC 中重要的动画类型之一。使用遮罩动画，可以制作出很多华丽的动画效果。

1. 遮罩层与被遮罩层

创建遮罩动画至少需要两个图层：一个是遮罩层，一个是被遮罩层。遮罩层是不透明的图层，只有通过遮罩层中的对象才能看到位于它下方的被遮罩层区域，被遮罩层其余的内容都被隐藏起来。遮罩层决定动画显示的形状及轮廓，被遮罩层决定动画形状及轮廓内显示的内容。

创建遮罩动画的技巧如下。

- 创建遮罩动画时，遮罩层必须位于被遮罩层的上方。
- 遮罩层中的对象可以是填充的形状、传统文本、图形元件或影片剪辑的实例。要应用线条制作遮罩层对象，需先将其转换为填充。Animate 会忽略遮罩层中的位图、渐变、透明度、颜色和线条样式等因素。
- 遮罩层中的任何填充区域都是完全透明的，而任何非填充区域都是不透明的，不会出现半透明的区域。
- 遮罩层不能在按钮内部，也不能将一个遮罩应用于另一个遮罩。
- 不能对遮罩层上的对象使用 3D 工具，包含 3D 对象的图层也不能用作遮罩层。
- 若要创建动态遮罩效果，可以在遮罩层或被遮罩层中应用动画，或对二者同时应用动画。
- 发布的影片中，除了透过遮罩层对象看到的被遮罩层区域之外，遮罩层上的任何内容都不会显示。

2. 创建遮罩层

（1）选择或创建一个图层，在其中放置填充形状、文字或元件的实例。（遮罩层会自动链接下方紧贴着它的图层，因此应选择正确的位置创建遮罩层。）

（2）用鼠标右键单击时间轴中的图层名称，在弹出的快捷菜单中选择"遮罩层"命令。图层左侧会出现遮罩层图标，表示该图层为遮罩层。紧贴它下面的图层会自动链接到遮罩层，变为被遮罩层，其内容会透过遮罩上的填充区域显现出来。被遮罩的图层名称以缩进形式显示，图标变为。遮罩层与被遮罩层自动被锁定。设置遮罩层前后的图层效果如图 4-20、4-21 所示。

图 4-20　设置遮罩层前的图层效果

图 4-21　设置遮罩层后的图层效果

3. 多层遮罩的动画

设置遮罩动画时，遮罩层只能有一个，但被遮罩层可以有多个。设置多层遮罩动画的时间轴面板如图 4-22 所示。

执行下列操作之一可将普通图层设置为被遮罩层：

- 将现有的图层直接拖动到遮罩层下面。
- 在遮罩层的下方创建新图层，该图层会自动转化为被遮罩层。

4. 断开图层与遮罩层的链接

将被遮罩层转换为一般图层，可选择要断开链接的图层，然后执行下列操作之一：

- 将被遮罩层拖至遮罩层的上方或向时间轴面板的左下方空白处拖动。
- 执行菜单"修改"→"时间轴"→"图层属性"命令，选择"一般"图层类型。断开链接后的图层效果如图 4-23 所示。

图 4-22　设置多层遮罩动画的时间轴面板　　图 4-23　断开链接后的图层效果

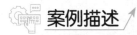

案例 12　**动感相册——3D 动画**

案例描述

通过设置文本和元件实例的 3D 属性，制作富有空间透视感的"动感相册"动画，效果如图 4-24 所示。

图 4-24　"动感相册"动画效果

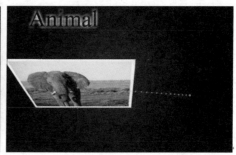

图 4-24　"动感相册"动画效果（续）

案例分析

- 设计背景、线条及文字的效果。
- 创建动物图像影片剪辑，制作影片剪辑在 X、Y、Z 轴平移以及绕 X 轴、Y 轴旋转的 3D 动画。

操作步骤

1. 在 Animate 中新建 ActionScript 3.0 文档，设置舞台大小为"800×500"像素。按【Ctrl+S】组合键保存文件，命名为"动感相册.fla"。

2. 将"图层_1"重命名为"背景"，选择"矩形工具"，绘制一个与舞台大小相同的矩形；打开颜色面板，设置由深红（#660000）到黑色（#000000）的"径向渐变"，利用"颜料桶工具"为矩形填充渐变色。

3. 选择"线条工具"，打开如图 4-25 所示的线条工具属性面板，设置"笔触颜色"为"#FF9966"，"Alpha"值为"35%"；设置"笔触样式"为"实线"，"笔触大小"为"最小值"。按住 Shift 键，在背景层上绘制两条直线，效果如图 4-26 所示。在背景层的第 165 帧处按 F5 键插入帧。

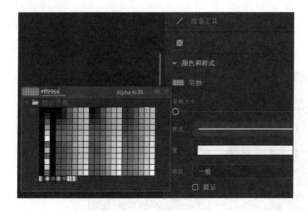

图 4-25　线条工具属性面板

图 4-26　直线绘制效果

4．在"背景"层上方新建图层，命名为"文字"。选择"文本工具"，输入文字"Animal"，设置字符的字体为"Times New Roman"，大小为"81pt"。为文本添加"发光"滤镜，属性面板如图 4-27 所示，设置模糊 X 为"20"，模糊 Y 为"20"，强度为"160%"，品质为"低"，颜色为"#FFFFFF"；勾选"挖空"选项，设置完成后的文字效果如图 4-28 所示。

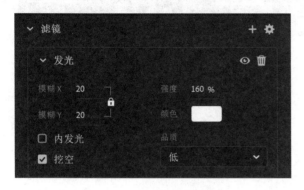

图 4-27　滤镜属性面板

图 4-28　文字效果

5．执行菜单"插入"→"新建元件"命令新建 3 个影片剪辑元件，分别命名为"动物 1""动物 2""动物 3"，将素材中"动物 1.jpg""动物 2.jpg""动物 3.jpg"分别导入相应的影片剪辑元件中。

6．在"文字"层上方新建 3 个图层，从上到下依次命名为"动物 1""动物 2""动物 3"。同时选中 3 个图层的第 24 帧，执行菜单"插入"→"时间轴"→"关键帧"命令。将 3 个影片剪辑分别放置在相对应的图层上，调整其大小及位置，时间轴效果如图 4-29 所示，影片剪辑的排列效果如图 4-30 所示。

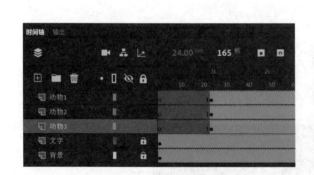

图 4-29　时间轴效果

图 4-30　影片剪辑的排列效果

7．选中"动物 1"图层中的第 45 帧，插入关键帧。选中舞台中的"动物 1"影片剪辑，单击鼠标右键，在弹出的快捷菜单中选择"创建补间动画"命令。在该图层的第 65 帧处插入关键帧选择"3D 旋转工具"，单击第 65 帧中的"动物 1"影片剪辑，将 3D 旋转控件移动到如图 4-31 所示的位置。打开变形面板，设置"3D 旋转"的"Y 值"为"180.0°"，图片 3D 旋转的设置效果如图 4-32 所示。删除该图层第 65 帧之后所有的帧。

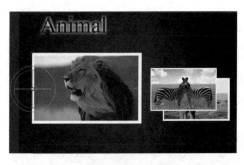
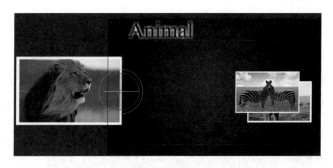

图 4-31　3D 旋转控件位置　　　　　　　图 4-32　图片 3D 旋转的设置效果

8．选中"动物 2"图层中的第 65 帧，插入关键帧。选中舞台中的"动物 2"影片剪辑，单击鼠标右键，在弹出的快捷菜单中选择"创建补间动画"命令。在该图层的第 85 帧处插入关键帧。选择"3D 平移工具" <img>，单击"动物 2"影片剪辑，X、Y 和 Z 三个轴显示在影片剪辑的上方。分别向左、向上、向前拖动 X 轴、Y 轴和 Z 轴的控件，将影片剪辑"3D 平移"到如图 4-33 所示的位置。

图 4-33　影片剪辑"3D 平移"后的效果

9．在"动物 2"图层的第 105 帧处插入关键帧，选择"3D 旋转工具"，单击舞台中的"动物 2"影片剪辑，打开变形面板，设置"3D 旋转"的"Y"值为"180.0°"，效果如图 4-34 所示。设置第 85 帧处"3D 旋转"的"Y"值为"0.0°"，效果如图 4-35 所示。

图 4-34　第 105 帧处"3D 旋转"设置效果

图 4-35 第 85 帧处 "3D 旋转" 设置效果

10. 在 "动物 2" 图层的第 115 帧处插入关键帧，选择 "3D 平移工具" 将 "人物 2" 影片剪辑向左平移出舞台。删除该图层第 115 帧之后所有的帧。

11. 在 "动物 3" 图层中的第 115 帧处插入关键帧。选中舞台中的 "动物 3" 影片剪辑，单击鼠标右键，在弹出的快捷菜单中选择 "创建补间动画" 命令。在该图层的第 135 帧处插入关键帧。选择 "3D 平移工具" ⼈，单击舞台中的 "动物 3" 影片剪辑，分别向左、向上、向前拖动 X 轴、Y 轴和 Z 轴的控件，将影片剪辑 "3D 平移" 到如图 4-36 所示的位置。

图 4-36 影片剪辑 "3D 平移" 后效果

12. 在 "动物 3" 图层的第 155 帧处插入关键帧，选择 "3D 旋转工具"，单击舞台中的 "人物 3" 影片剪辑，打开变形面板，设置 "3D 旋转" 的 "X" 值为 "180.0°"，效果如图 4-37 所示。设置第 135 帧处 "3D 旋转" 的 "X" 值为 "0.0°"，效果如图 4-38 所示。

13. 在 "动物 3" 图层的第 165 帧处插入关键帧，将 "动物 3" 影片剪辑向下平移出舞台。

14. 按【Ctrl+S】组合键保存文件，按【Ctrl+Enter】组合键测试影片。播放效果如图 4-24 所示。

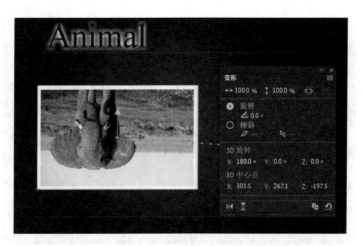

图 4-37　第 155 帧处"3D 旋转"设置效果

图 4-38　第 135 帧处"3D 旋转"设置效果

4.3　制作 3D 动画

1. Animate CC 中的 3D

Animate 通过在舞台的 3D 空间中移动和旋转影片剪辑，可以创建 3D 效果。Animate 使用三个轴（X 轴、Y 轴、Z 轴）来描述空间。X 轴水平穿越舞台，左边缘的 X=0；Y 轴垂直穿越舞台，上边缘的 Y=0；Z 轴则进/出舞台平面（朝向或离开观众），舞台平面上的 Z=0。

通过使对象沿 X 轴移动或使其围绕 X 轴或 Y 轴旋转，可以为对象添加 3D 透视效果。若要使对象看起来离查看者更近或更远，可以沿 Z 轴移动对象；若要使对象看起来与查看者之间形成某一角度，可绕 Z 轴旋转对象。各种效果如图 4-39~图 4-42 所示。

3D 平移和 3D 旋转工具都允许在全局 3D 空间或局部 3D 空间中操作对象。全局 3D 空间就是舞台空间，全局变形和平移与舞台相关。局部 3D 空间即影片剪辑空间，局部变形和平移与影片剪辑空间相关。3D 平移和旋转工具的默认模式是全局，若要在局部模式中使用这些工具，可单击工具面板"选项"中的"全局"切换按钮 。

图 4-39　未变形

图 4-40　绕 X 轴旋转

图 4-41　绕 Y 轴旋转

图 4-42　绕 Z 轴旋转、沿 Z 轴移动

2. 3D 平移工具

使用"3D 平移工具"■可以在 3D 空间中移动对象。使用该工具选择对象后，对象中将显示 X 轴、Y 轴和 Z 轴，X 轴为红色、Y 轴为绿色，Z 轴为黑圆点。3D 平移工具的轴控件如图 4-43 所示。

使用 3D 平移工具在 3D 空间中移动对象的方法如下。

（1）移动单个对象

① 在工具面板中选择"3D 平移工具"。

② 将该工具设置为局部或全局模式。通过选中工具面板"选项"中的"全局转换"按钮，确保该工具处于所需模式。

③ 用"3D 平移工具"选择一个对象。

④ 若要通过拖动来移动对象，可将指针移动到 X 轴、Y 轴或 Z 轴控件上，指针在经过任一控件时都将发生变化。X 和 Y 轴控件是每个轴上的箭头，按控件箭头的方向拖动其中一个控件可沿所选轴移动对象，如图 4-44 所示。Z 轴控件是影片剪辑中间的黑点，上下拖动 Z 轴控件可在 Z 轴上移动对象。

图 4-43　3D 平移工具的轴控件

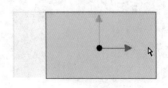

图 4-44　通过拖动移动对象

⑤ 若要使用属性面板移动对象，可在属性面板的"3D定位和视图"中输入 X、Y 或 Z 的值，如图 4-45 所示。

（2）同时移动多个对象

当选择了多个对象时，可以使用"3D平移工具"移动其中一个选定对象，其他对象将以相同的方式移动，如图 4-46 所示。

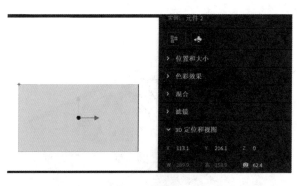

图 4-45　通过"3D定位和视图"移动对象

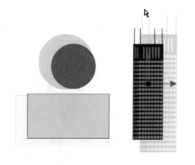

图 4-46　同时移动多个对象

3. 3D 旋转工具

使用"3D旋转工具"  可以在 3D 空间中旋转对象，3D 旋转控件出现在舞台中选定的对象上时效果如图 4-47 所示。红色轴控件代表 X 轴，绿色轴控件代表 Y 轴，蓝色轴控件代表 Z 轴。橙色轴控件可实现同时绕 X 轴和 Y 轴自由旋转的效果。

使用"3D旋转工具"在 3D 空间中旋转对象的方法如下。

（1）旋转单个对象

① 在工具面板中选择"3D旋转工具"。

② 将该工具设置为局部或全局模式。通过选中工具面板"选项"中的"全局转换"按钮，确保该工具处于所需模式。

③ 在舞台中选择一个对象，3D 旋转控件将显示在所选对象上。

④ 将指针分别放在四个旋转轴控件上时，指针会发生变化。左右拖动 X 轴控件的对象可绕 X 轴旋转，上下拖动 Y 轴控件时对象可绕 Y 轴旋转，拖动 Z 轴控件进行圆周运动时对象可绕 Z 轴旋转。拖动自由旋转轴控件（外侧橙色圈）时对象可同时绕 X 和 Y 轴旋转，效果如图 4-48 所示。

图 4-47　3D 旋转控件

图 4-48　橙色轴控件旋转效果

（2）同时旋转多个对象

① 在工具面板中选择"3D 旋转工具"。

② 在舞台上选择多个对象，3D 旋转控件将显示在最近所选的对象上。

③ 拖动一个轴控件绕该轴旋转，所有选中的影片剪辑将同时发生旋转。

（3）使用变形面板旋转选中对象

① 打开变形面板。

② 在舞台上选择一个或多个对象。

③ 在变形面板中"3D 旋转"的 X、Y 和 Z 字段中输入所需的值以旋转选中对象，效果如图 4-49 所示。

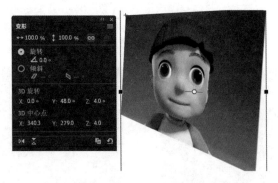

图 4-49　通过变形面板旋转对象

若要重新定位 3D 旋转控件中心点，可执行以下操作之一：

● 直接拖动中心点可重新定位中心点的位置。

● 在变形面板中修改"3D 中心点"属性可重新定位中心点的位置。

4．调整透视角度

FLA 文件的透视角度属性控制着 3D 影片剪辑视图在舞台中的外观视角，增大或减小透视角度将影响 3D 影片剪辑的外观尺寸及其相对于舞台边缘的位置。减小透视角度，可使 3D 对象看起来更远，如图 4-50 所示为透视角度为 55°的效果；增大透视角度，可使 3D 对象看起来更近，如图 4-51 所示为透视角度为 150°的效果。

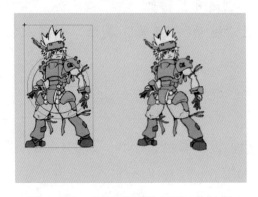

图 4-50　透视角度为 55°的效果

图 4-51　透视角度为 150°的效果

若要设置透视角度，可执行以下操作：

- 在舞台中选择一个应用了 3D 旋转或平移的影片剪辑对象。
- 在属性面板"3D 定位和视图"选项中的"透视角度"字段中输入一个新值。

案例 ⑬　健美先生——骨骼动画

案例描述

通过为形状添加骨骼，然后定义不同姿势，制作"健美先生"在舞台上表演的动画，效果如图 4-52 所示。

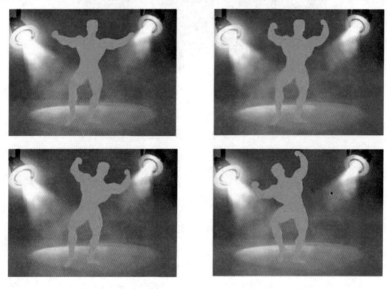

图 4-52　"健美先生"动画效果

案例分析

- 通过为形状添加骨骼，定义不同的姿势，创建骨骼动画。
- 通过控制特定骨骼的运动自由度、设置"缓动""弹簧"属性，创建人物的逼真运动。

操作步骤

1. 在 Animate 中新建 ActionScript 3.0 文档，设置舞台大小为"550×400"像素。按【Ctrl+S】组合键保存文件，命名为"健美先生.fla"。

2. 将"图层_1"重命名为"舞台"。执行菜单"文件"→"导入"→"导入到舞台"命令，导入图片"舞台.jpg"。新建图层，命名为"man"，将素材文件夹中的"man.swf"导入舞台，此时舞台效果与时间轴如图 4-53 所示。

图 4-53　舞台效果与时间轴

3．选择舞台中的人物，按【Ctrl+B】组合键将其分离。选择"骨骼工具" ，按住左键，从人物的腰部中间位置向上拖动到颈部以下位置，放开鼠标，这时 Animate 自动创建了一个新图层"骨架_1"，人物也被移动到了新图层，同时创建了一条骨骼。添加骨骼后的舞台效果与时间轴如图 4-54 所示。

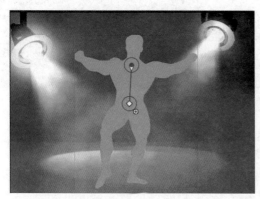

图 4-54　添加骨骼后的舞台效果与时间轴

4．使用"骨骼工具"，从已有骨骼末端（较细端）的圆点中心开始拖动鼠标，继续创建骨骼。在颈部以下和腰部分别创建分支的骨骼，创建完成的骨架结构如图 4-55 所示。

5．在"舞台"层的第 200 帧处插入帧。在"骨架_1"图层的第 40 帧上单击鼠标右键，在弹出的快捷菜单中选择"插入姿势"命令，利用"选择工具"分别拖动两手骨骼的末端圆心，将人物调整成如图 4-56 所示的姿势。

6．在"骨架_1"图层第 1～40 帧间的任一帧处单击，在属性面板设置"缓动"的"类型"为"简单（最快）"，"强度"为"50"，如图 4-57 所示。按住 Shift 键，然后分别单击左小臂、右小臂的骨骼，在属性面板设置"弹簧"属性的"强度"为"80"，"阻尼"为"15"，如图 4-58 所示。

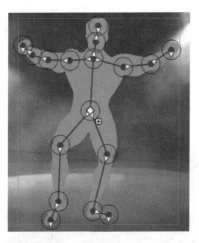

图 4-55　创建完成的骨架结构

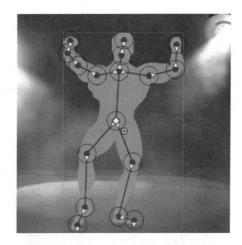

图 4-56　第 40 帧的人物姿势

图 4-57　设置"缓动"属性

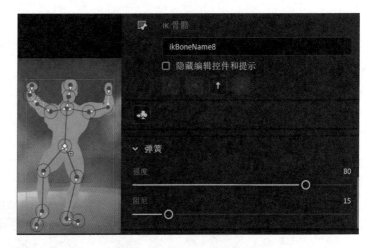

图 4-58　设置"弹簧"属性

7．在"骨架_1"图层的第 80 帧处单击鼠标右键，在弹出的快捷菜单中选择"插入姿势"命令。向右拖动上半身骨骼，将人物调整成如图 4-59 所示的姿势。在第 120 帧处单击鼠标右键，在弹出的快捷菜单中选择"插入姿势"命令。向左拖动上半身骨骼，将人物调整成如图 4-60 所示的姿势。

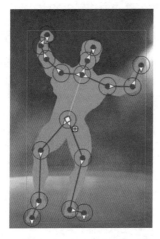

图 4-59　第 80 帧的人物姿势

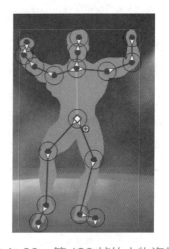

图 4-60　第 120 帧的人物姿势

8．在"骨架_1"图层的第160帧处单击鼠标右键，在弹出的快捷菜单中选择"插入姿势"命令。向左拖动上半身骨架分支处的关节圆心，继而拖动左膝、左脚踝处的关节圆心，将人物调整成如图4-61所示的姿势。

9．选择腰部以上的第一段骨骼，在属性面板中关闭"关节：旋转"功能；选择"关节：X平移"下的"约束"复选框，设置"左偏移"为"0"，"右偏移"为"50"，如图4-62所示。

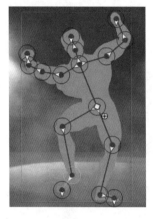

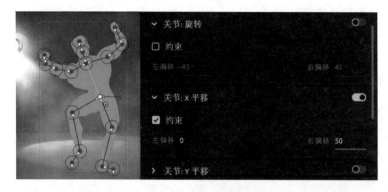

图4-61　第160帧的人物姿势

图4-62　属性面板设置

10．在"骨架_1"图层的第200帧处单击鼠标右键，在弹出的快捷菜单中选择"插入姿势"命令。拖动选中状态的骨骼，向右平移骨架到约束范围的最右端，如图4-63所示。

11．按【Ctrl+S】组合键保存文件，按【Ctrl+Enter】组合键测试影片。播放效果如图4-52所示。

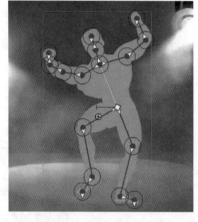

图4-63　向右平移骨架

案例⑭　行走的恐龙——骨骼动画

案例描述

通过为元件添加骨骼，定义不同姿势，制作"行走的恐龙"动画，效果如图4-64所示。

图4-64　"行走的恐龙"动画效果

案例分析

- 新建"行走的恐龙"影片剪辑，将恐龙素材移动到剪辑舞台并分离。
- 为分离后的身体各部分元件添加骨骼，定义不同的姿势，创建骨骼动画。
- 将库中的背景图像移动到舞台中。将"行走的恐龙"影片剪辑放置在舞台中，制作从右向左的传统补间动画。

操作步骤

1. 打开"行走的恐龙素材.fla"文件，执行菜单"窗口"→"库"命令，打开库面板。

2. 将"图层_1"重命名为"背景"。将库中的"背景"元件拖入舞台，打开对齐面板，调整元件的大小及位置与舞台匹配。在"背景"图层第 200 帧处按 F5 键插入帧。

3. 执行菜单"插入"→"新建元件"命令，新建名称为"行走的恐龙"影片剪辑。

4. 将"库"中的"恐龙"元件拖入剪辑舞台。选择该元件，按【Ctrl+B】组合键将成为身体各部分的图形元件分离，效果如图 4-65 所示。

5. 为了便于添加骨骼，利用"选择工具"将恐龙分离的各身体元件拖开一定的距离，并利用"任意变形工具"调整各元件变形点的位置，效果如图 4-66 所示。

图 4-65　图形元件分离

图 4-66　各元件变形点位置

6. 执行菜单"编辑"→"首选参数"→"编辑首选参数"命令，在打开的"首选参数"对话框"绘制"类别中，取消选择"自动设置变形点"选项（便于利用"骨骼工具"绘制骨骼时，自动对齐元件的变形点），如图 4-67 所示。

7. 选择"骨骼工具"　，按住左键，从恐龙的肩部变形点位置向上拖动到头部，放开鼠标，骨骼则自动对齐头部的变形点。这时 Animate 自动创建了一个新图层"骨架_1"，恐龙的头部及上身元件也被移动到了新图层，同时创建了一条骨骼。添加骨骼后舞台效果与时间轴如图 4-68 所示。

8. 使用"骨骼工具"，从已有骨骼头部（较粗端）的圆点中心开始拖动鼠标继续创建分支骨骼，创建完成的骨架结构如图 4-69 所示。

9.使用"任意变形工具"拖动恐龙身体的各元件进行重组，组合的过程中注意各变形点的对齐，身体各元件重新组合之后的效果如图 4-70 所示。

图 4-67　"首选参数"对话框

图 4-68　添加骨骼后舞台效果与时间轴

图 4-69　创建完成的骨架结构

图 4-70　身体各元件重新组合

10.选择恐龙的上身部分，单击鼠标右键，在打开的如图 4-71 所示的快捷菜单中选择"排列"→"下移一层"命令，将身体元件移至头部下方。借助"排列"菜单的其他选项，依次调整恐龙各部分元件的排列层次，调整完成后的效果如图 4-72 所示。

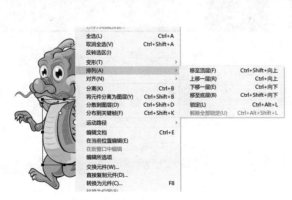

图 4-71　"排列"菜单

图 4-72　调整排列层次后的效果

11. 分别在"骨架_1"图层的第15、30帧处单击鼠标右键，在弹出的快捷菜单中选择"插入姿势"命令。选中第15帧，使用"选择工具"分别拖动恐龙的两手臂，使其绕肩部关节圆点旋转，交换两手臂的摆动位置。继续使用"选择工具"调整恐龙的双腿位置。为了表现恐龙行走时的身体起伏效果，选中恐龙全身，适当向下拖动一定位置。调整之后第 1、15、30帧的姿势对比如图 4-73 所示。(如想得到更形象逼真的恐龙行走效果，可插入更多的姿势，进行更细致的调整。)

图 4-73　第 1、15、30 帧姿势对比

12. 返回场景，在"背景"图层的上方新建"恐龙"图层。选择该图层的第 1 帧，从"库"中将"行走的恐龙"影片剪辑拖入舞台右侧，如图 4-74 所示。在该图层的第 200 帧处插入关键帧，将"行走的恐龙"影片剪辑拖入舞台左侧，如图 4-75 所示。选择第 1~200 帧之间的任一帧，单击鼠标右键，在弹出的快捷菜单中选择"创建传统补间"命令。

图 4-74　第 1 帧放置位置

图 4-75　第 200 帧放置位置

13. 按【Ctrl+Shift+S】组合键将文件另存为"行走的恐龙.fla"，按【Ctrl+Enter】组合键测试影片。播放效果如图 4-64 所示。

4.4　骨骼动画

骨骼动画是一种反向运动（IK）动画，是根据反向运动学原理对层次连接后的复合对象进行运动的设置。与正向运动不同，其运用 IK 系统控制层次的对象进行运动，系统将自动计算此变换对整个层次的影响，以此完成复杂的复合动画。

1. 骨骼动画制作原理

骨骼既可以搭建在元件上，也可以搭建在形状中。运用骨骼工具将运动对象通过关节连接成线性或枝状的骨架，当一个骨骼移动时，与之相关联的其他骨骼也会移动，运动的形式是以自由端为起点，逐级传递到固定端。

骨骼的某段运动完成时所处的状态称为一个骨骼姿势，当在两个不同的帧中建立不同的骨骼姿势后，便形成了骨骼动画。

骨骼链称为骨架。在父子层次结构中，骨架中的骨骼彼此相连。骨架可以是线性的或分支的，如图 4-76、4-77 所示，源于同一骨骼的骨架分支称为同级。每个骨骼都具有头部（圆端）和尾部（尖端），骨骼之间的连接点称为关节。

添加骨骼时，Animate 会将实例或形状以及关联的骨架移动到时间轴中的新图层，并保持舞台上对象的原堆叠顺序。该新图层称为姿势图层，每个姿势图层只能包含一个骨架及其关联的实例或形状。

若要使用反向运动，FLA 文件必须在"发布设置"对话框中将 ActionScript 3.0 指定为"脚本"设置。

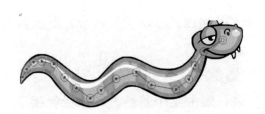 

图 4-76　骨架中骨骼的线性链　　　　图 4-77　骨架中骨骼的分支结构

2. 向元件实例添加骨骼

添加骨骼之前，元件实例可放置在同一个图层或不同图层中，添加骨骼时，Animate 会将它们移动到新的姿势图层。

向元件实例添加骨骼的具体操作步骤如下。

（1）在舞台上创建元件实例。

（2）从工具面板中选择"骨骼工具" 。

（3）使用"骨骼工具"单击要成为骨架根部的元件实例，然后拖动到想要链接的元件实例上。在拖动时，将显示骨骼。释放鼠标后，在两个元件实例之间将显示实心的骨骼。

（4）要创建分支骨架，可单击希望分支开始的现有骨骼的头部，然后进行拖动以创建新分支的第一个骨骼。

提示：利用"骨骼工具"进行元件实例链接时，如果希望骨骼自动对齐到元件实例的变形点，可以执行菜单"编辑"→"首选参数"→"编辑首选参数"命令，在打开的"首选参数"对话框的"绘制"类别中取消选中"自动设置变形点"选项。

3. 向形状添加骨骼

可以向单个形状或一组形状添加骨骼，也可以向在"对象绘制"模式下创建的形状添加骨骼。在添加第一个骨骼之前必须选择所有形状。添加骨骼后，Animate 会将形状转换为 IK 形状，并将其移动到新的姿势图层，它无法再与 IK 形状外的其他形状合并，也不能使用"任意变形工具"编辑。

向形状添加骨骼的具体操作步骤如下。

（1）在舞台上创建填充的形状。

（2）选择所有形状。

（3）在工具面板中选择"骨骼工具"。

（4）使用"骨骼工具"在形状内单击并拖动到形状内的其他位置。

（5）要添加其他骨骼，可从第一个骨骼的尾部拖动到形状内的其他位置。

（6）要创建分支骨架，可单击希望分支开始的现有骨骼的头部，然后进行拖动以创建新分支的第一个骨骼。

4. 编辑骨架和 IK 对象

创建骨骼后，可以使用多种编辑方法对其进行编辑，可以重新定位骨骼及其关联的对象，在形状或元件内移动、删除骨骼等。

若要对骨骼及其关联的对象进行编辑，首先要将其选中。使用"选择工具"单击骨骼即可选中骨骼；按住 Shift 键单击可选择多个骨骼；双击某个骨骼，可选择骨架中的所有骨骼。

（1）重新定位骨骼及其关联的对象

- 要重新定位线性骨架，可拖动骨架中的任何骨骼。如果骨架已连接到元件实例，也可以拖动实例。
- 要重新定位骨架的某个分支，可拖动该分支中的任何骨骼，则该分支中的所有骨骼都将移动，而其他分支中的骨骼不会移动。
- 要将某个骨骼与其子级骨骼一起旋转而不移动父级骨骼，可按住 Shift 键并拖动该骨骼。
- 要将某个 IK 形状移动到舞台上的新位置，可选择该形状，然后在属性面板中更改其 X 和 Y 属性。

（2）在形状或元件内移动骨骼

● 要移动 IK 形状内骨骼任一端的位置，可使用"部分选取工具"拖动骨骼的一端。

● 要移动元件实例内的骨骼关节、头部或尾部的位置，可通过"任意变形工具"移动该实例的变形点，骨骼将随变形点移动。

● 要移动单个元件实例而不移动其他链接的实例，可按住 Alt 键并拖动该实例，或者使用"任意变形工具"拖动它。

（3）删除骨骼

● 若要删除单个骨骼及其所有子级，可单击该骨骼然后按 Delete 键。

● 若要删除所有骨骼，可双击骨架中的某个骨骼全部选中它们，然后按 Delete 键。此时 IK 形状将还原为正常形状。

（4）编辑 IK 形状

使用"部分选取工具"，可以在 IK 形状中添加、删除和编辑轮廓的控制点。

● 单击形状的笔触，可显示 IK 形状边界的控制点。

● 要移动控制点，可拖动该控制点。

● 单击笔触上没有任何控制点的部分，可添加新的控制点，也可以使用工具面板中的"添加锚点工具"。

● 单击控制点，然后按 Delete 键，可删除现有的控制点，也可以使用工具面板中的"删除锚点工具"。

（5）将骨骼绑定到控制点

默认情况下，形状的控制点连接到距离它们最近的骨骼。可以使用"绑定工具" 编辑单个骨骼和形状控制点之间的连接，这样就可以对"笔触"在各骨骼移动时如何扭曲进行控制，以获得理想的效果。可以将多个控制点绑定到一个骨骼上，也可以将多个骨骼绑定到一个控制点上。

用"绑定工具" 单击骨骼，选定的骨骼以红色加亮显示，已连接到该骨骼的控制点以黄色加亮显示。仅连接到一个骨骼的控制点显示为方形，连接到多个骨骼的控制点显示为三角形，如图 4-78 所示。

● 要向所选骨骼添加控制点，可在按住 Shift 键的同时单击某个未加亮显示的控制点，也可以在按住 Shift 键的同时拖动要添加到选中骨骼的多个控制点。

● 要从骨骼中删除控制点，可在按住 Ctrl 键的同时单击加亮显示的控制点，也可以在按住 Ctrl 键的同时拖动删除选定骨骼中的多个控制点。

● 要加亮显示已连接到控制点的骨骼，可使用"绑定工具"单击该控制点。已连接的骨骼以黄色加亮显示，而选定的控制点以红色加亮显示。

● 要向选定的控制点添加其他骨骼，可在按住 Shift 键的同时单击骨骼。

● 要从选定的控制点中删除骨骼,可在按住 Ctrl 键的同时单击以黄色加亮显示的骨骼。

（6）约束骨骼的运动范围

在 Animate 中，可以通过设置骨骼的旋转和平移的范围，控制骨骼的运动自由度，创建更加逼真的动画效果。例如，可以约束手臂的两个骨骼，以使肘部不会向错误的方向弯曲。

默认情况下，Animate 会启用骨骼的旋转属性。若要对骨骼的旋转进行约束，如只允许旋转 75°，则可以在选择骨骼后，在属性面板的"关节：旋转"栏勾选"约束"选项，同时在"左偏移"和"右偏移"文本框中分别输入"-30°"和"47°"，如图 4-79 所示。

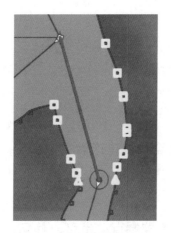

图 4-78　选中的骨骼及其控制点

图 4-79　约束旋转的范围

默认情况下，Animate 不启用骨骼的 X、Y 平移属性。如果需要骨骼在 X 或 Y 方向上平移，也可以通过属性面板进行设置。选择骨骼后，在属性面板中展开"关节：X 平移"或"关节：Y 平移"设置栏，勾选"启用"和"约束"选项，设置"左偏移"和"右偏移"属性的值。

（7）设置连接点速度

连接点速度是指连接点的黏性或刚度。具有较低速度的连接点反应缓慢，具有较高速度的连接点反应迅速。当拖动骨架的末端时，可以明显看出连接点的速度。如果在骨骼链上较高的位置具有缓慢的连结点，那么这些特定的连接点反应较慢，并且其旋转角度也要比其他连接点要小一些。

先选择骨骼，可在属性面板的"位置"栏中设置连结点的速度，如图 4-80 所示。

5. 创建骨骼动画

（1）插入姿势

在 Animate 中，对 IK 骨架进行动画处理的方式与处理其他的对象不同。对于骨架，只需向姿势图层添加帧并在舞台上重新定位骨架即可创建关键帧。姿势图层中的关键帧称为姿势，在时间轴中以菱形标示，如图 4-81 所示。

在姿势图层中添加姿势，可执行下列操作之一：

● 将播放头放到要添加姿势的普通帧上，然后重新定位骨架，会自动添加姿势。

● 用鼠标右键单击姿势图层中的帧，在弹出的快捷菜单中选择"插入姿势"命令。

可以随时在姿势帧中重新定位骨架或添加新的姿势帧。

图 4-80　设置连结点的速度

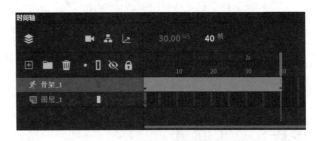

图 4-81　姿势图层及其关键帧

（2）设置缓动属性

缓动可以通过对骨架的运动进行加速或减速，给其移动提供重力的感觉。

添加缓动的方法如下。

① 单击两个姿势之间的帧。

缓动会影响选定帧左侧和右侧的紧邻姿势之间的帧。如果选择某个姿势，则缓动会影响选中的姿势和下一个姿势之间的帧。

② 从属性面板中的"缓动"类型中选择一种类型。

可用的缓动包括 4 个"简单"缓动和 4 个"停止并启动"缓动，如图 4-82 所示。从"慢"到"最快"代表缓动的程度，"慢"的效果最不明显，"最快"的效果最明显。

③ 设置缓动"强度"。

默认强度是 0，表示无缓动；负值表示缓入；正值表示缓出。

（3）设置弹簧属性

将弹簧属性添加到 IK 骨骼中，可以体现更真实的物理运动效果。

要启用弹簧属性，可选择一个或多个骨骼，并在属性面板的"弹簧"部分设置"强度"值和"阻尼"值。

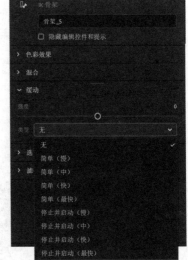

图 4-82　缓动类型

● 强度：弹簧强度。值越高，弹簧就变得越坚硬，创建的弹簧效果越强。

● 阻尼：弹簧效果的衰减速率。值越高，弹簧属性减小得越快，动画结束得也越快。

（4）为 IK 对象创建其他补间效果

姿势图层不同于补间图层，无法在姿势图层中对除骨骼位置以外的属性进行补间。若要对 IK 对象的其他属性（如变形、色彩效果或滤镜）进行补间，可将骨架及其关联的对象包含在影片剪辑或图形元件实例中，然后再对元件实例的属性进行动画处理。

为 IK 对象创建其他补间效果的具体步骤如下。

① 选择 IK 骨架及其所有的关联对象。

② 用鼠标右键单击所选内容，在弹出的快捷菜单中选择"转换为元件"命令，从"类型"下拉列表中选择"影片剪辑"或"图形"命令，单击"确定"按钮。

③ 在主时间轴上，将该元件从库拖动到舞台，为舞台上的新元件实例添加补间动画效果。

>>思考与实训 4

一、填空题

1. 运动引导动画是指被引导的对象沿着_____指定的路径进行运动的动画。

2. _____层和_____层在发布的 SWF 影片中都不会显示。

3. _____层决定动画显示的形状及轮廓，_____层决定动画形状及轮廓内显示的内容。

4. FLA 文件的_____属性控制着 3D 影片剪辑视图在舞台中的外观视角。

5. 3D 旋转控件出现在选定的对象上时，红色轴控件代表_____轴，蓝色轴控件代表_____轴。

6. 使用_____和_____工具，可以为实例添加 3D 透视效果。

7. _____是一种反向运动（IK）动画。

8. 当向元件实例或形状添加骨骼时，Animate 会将实例或形状及其关联的骨架移动到新的图层，该图层被称为_____。

二、上机实训

1. 使用提供的图片素材，制作如图 4-83 所示的放大镜效果。

2. 使用运动引导动画，制作如图 4-84 所示的蝴蝶飞舞动画效果。

图 4-83　放大镜效果　　　　　　图 4-84　蝴蝶飞舞动画效果

3. 使用提供的素材，制作如图 4-85 所示的 3D 文字特效动画。

图 4-85　3D 文字特效动画

4．使用提供的元件，制作人物行走的 IK 骨骼动画，参考效果如图 4-86 所示。

图 4-86　人物行走动画效果

模块 5

•••• **文本的应用**

案例 **15** **粮食安全——文本工具的使用**

案例描述

使用文本工具，创建如图 5-1 所示粮食安全显示效果。

图 5-1 粮食安全显示效果

案例分析

● 创建"静态文本""输入文本"等不同类型的文本。

● 本案例主要练习工具栏中"文本工具"的使用方法，以及通过"文本工具"制作丰富的文字效果。

操作步骤

1. 在 Animate 中新建 ActionScript 3.0 文档，设置舞台大小为 800×500 像素。按【Ctrl+S】组合键打开"另存为"对话框，选择保存路径，输入文件名"粮食安全"，然后单击"保存"按钮，回到工作区。

2. 执行菜单"文件"→"导入"→"导入到库"命令，将素材图片"背景"导入库，然后将图片拖至舞台，打开对齐面板，选中"与舞台对齐"复选框，设置"对齐"为"水平中齐"，"分布"为"垂直居中分布"，"匹配大小"为"匹配宽和高"。

3. 将"图层_1"命名为"背景"并锁定，新建"图层_2"并命名为"文本"。

4. 单击"文本工具" T，展开属性面板，设置"文本类型"为"静态文本"，"字符"系列为"微软雅黑"，"大小"为"50pt"，"填充"为"黑色"，"呈现"为"动画消除锯齿"，静态文本属性面板如图 5-2 所示。在舞台上方输入标题"粮食安全"，静态效果如图 5-3 所示。

5. 单击"文本工具" T，展开属性面板，设置"文本类型"为"静态文本"，"字符"系列为"微软雅黑"，"大小"为"30pt"，"填充"为"黑色"，"呈现"为"动画消除锯齿"，创建说明性静态文本"手中"和"心中"，并按图 5-4 所示调整好位置。

图 5-2　静态文本属性面板

图 5-3　静态文本效果

6. 单击"文本工具" T，展开属性面板，设置"文本类型"为"输入文本"，"字符"系列为"微软雅黑"，"大小"为"30pt"，"填充"为"黑色"，"呈现"为"使用设备字体"，将"选项"区域中的"最大字符数"设为"18"，在实例名称框中输入变量名"t1"，然后在舞台上用鼠标拖出一个矩形输入文本框，输入文本属性面板如图 5-5 所示。

7. 按步骤 6 的方法再创建一个文本类型为"输入文本"的文本输入框，并将变量名设置为"t2"，输入文本框效果如图 5-6 所示。

图 5-4　说明文本位置

图 5-5　输入文本属性面板

图 5-6　输入文本框效果

8. 按【Ctrl+S】组合键保存文件，按【Ctrl+Enter】组合键测试影片。播放效果如图 5-1所示。

5.1　文本工具

一部好的动画离不开文字的配合，文本是 Animate 最经常使用的元素之一。在 Animate作品中输入一段文字，需要使用"文本工具"，单击工具栏中的"文本工具" T 或按 T 键，即可调用该工具。

1. 文本类型

单击"文本工具" T，展开文本工具的属性面板，可以设置"文本类型""字体大小""字体格式"等有关字体的属性，传统文本类型下拉列表中提供了 3 种文本类型，分别为静态文本、动态文本和输入文本。

（1）静态文本

"静态文本"顾名思义即静态的文本，是 Animate 传统文本工具默认的文本类型，它的属性面板如图 5-7 所示。

下面以静态文本属性面板为例，对一些常用属性进行简单介绍。

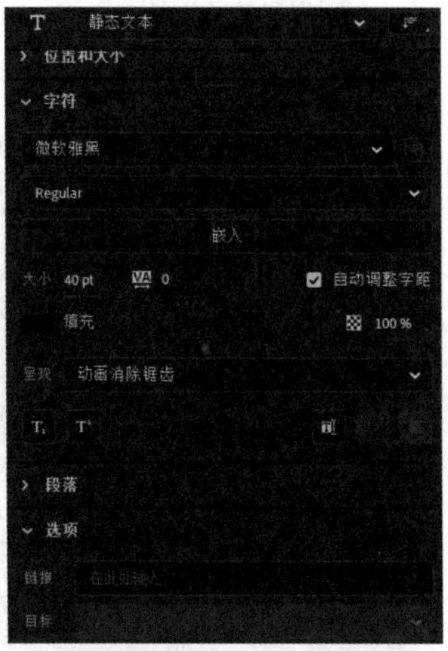

- "文本类型"下拉列表框：可以选择 Animate 3 种文本类型。
- "系列"下拉列表框：可以选择文本的字体。
- "嵌入"按钮 嵌入… ：用于打开一个对话框。为确保文件发布在 Internet 的任何位置保持所需外观，可以嵌入文件所需字体。
- "位置和大小"数值框：用于设置字体的大小。
- "填充"按钮 ▬▬ ：单击该按钮将弹出调色板，用于选择文本颜色。
- "字母间距"数值框：用于设置选定的字符或整个文本的字符间距。
- "字符位置"按钮 T'T, ：用于设置文本的位置——上标、下标。
- "可选按钮" ▣ ：用于设置查看 Animate 应用程序的用户是否可以选择文本、复制文本并将文本粘贴到一个独立文档中。
- "段落格式"按钮：用于设置文本段落的对齐方式。
- "段落间距"数值框：用于设置段落的缩进值与行距。
- "段落边距"数值框：用于设置段落的左边距与右边距。
- "链接"文本框：用于输入链接地址。
- "滤镜"列表框：可以对文本添加滤镜。

图 5-7 静态文本属性面板

创建静态文本时，可以将文本放在单独的一行，该行会随着文字的输入而扩展；也可以将文本放在定宽字段或定高字段中，这些字段会自动扩展和折行。在使用文本工具输入文本时，文本框上会出现一个控制柄，静态文本的控制柄在文本框的右上角，如图 5-8 所示。

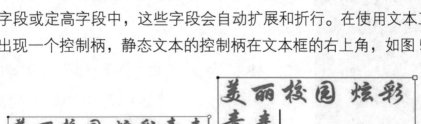

扩展的静态水平文本　　　　　定义宽度的静态水平文本

图 5-8　静态文本控制柄

（2）动态文本

"动态文本"显示动态更新的文本，如天气预报、股票信息等，其属性面板如图 5-9 所示。

- 实例名称：给文本字段实例命名，以便在动作脚本中引用该实例。

- 多行显示模式：当文本框包含的文本多于一行时，可以使用单行、多行和多行不换行进行显示。

动态文本的控制柄在文本框的右下角，如图5-10所示。

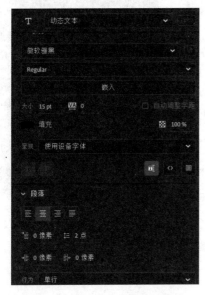

图5-9　动态文本属性面板

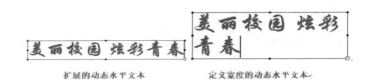

扩展的动态水平文本　　　定义宽度的动态水平文本

图5-10　动态文本控制柄

（3）输入文本

"输入文本"在输出播放文件时，可以实现文字输入，能够通过用户的输入得到特定的信息，如用户名称、用户密码等。

输入文本属性面板如图5-11所示，其中"行为"下拉列表框中还包括"密码"显示的选项。选择"密码"显示后，用户的输入内容全部用"*"进行显示，而"最大字符数"则规定用户输入字符的最大数目。

图5-11　输入文本属性面板

2. 创建文本

一般来说，创建文本有以下两种方法。

（1）单击输入

使用"文本工具"在画面上单击，就可以进行文字输入。这时会看到一个右上角有个小圆圈的文本输入框，此框可以随着文本内容自动调整宽度。

（2）拖框输入

使用"文本工具"在画面上拖拉出文字的范围框，可以看到文本框的右上角出现了一个小方框，右上角带有小方框的文本框限制了文本的范围，输入的文字将在规定的范围内呈现。

文化传承——制作迫近文字效果

案例描述

　　文本工具做出的文字可以与动画结合制作出丰富多彩的动态文字效果，如文字与补间动画结合可以制作出如图 5-12 所示的迫近文字效果。

图 5-12　迫近文字效果

案例分析

- 使用"文本工具"对文字进行设置并能进行文本转换。
- 改变元件的大小和透明度来设置迫近文字效果。

操作步骤

　　1. 在 Animate 中新建 ActionScript 3.0 文档，设置舞台大小为"600x300"像素，按【Ctrl+S】组合键打开"另存为"对话框，选择保存路径，输入文件名"文化传承"，然后单击"保存"按钮，回到工作区。

　　2. 执行菜单"文件"→"导入"→"导入到舞台"命令，将素材图片"背景"导入舞台，打开对齐面板，选中"与舞台对齐"复选框，设置"对齐"为"水平中齐"，"分布"为"垂直居中分布"，"匹配大小"为"匹配宽和高"。

　　3. 将"图层_1"命名为"背景"，在第 50 帧处插入帧并锁定。新建"图层_2"并命名为"框线"。

4．单击工具栏中的"矩形工具"，在矩形工具面板中设置"笔触颜色"为"红色"，"填充颜色"为"无"，调整"笔触高度"，"笔触样式"为"虚线"，绘制一个矩形方框线，如图 5-13 所示。

5．新建"图层_3"，单击"文本工具"［T］，展开文本属性面板，设置"字符"系列为"华文行楷"，"大小"为"80pt"，"颜色"为"红色"，输入文本"文化传承"，如图 5-14 所示。

图 5-13　绘制的矩形方框线

图 5-14　输入的文本

6．执行菜单"修改"→"分离"命令，将文本中的 4 个字分离成单字，然后执行菜单"修改"→"时间轴"→"分散到图层"命令，将这 4 个字分散至 4 个图层中，然后将多余的图层删除，图层显示如图 5-15 所示。

7．将"化"图层中的第 1 个关键帧拖至第 11 帧，将"传"图层中的第 1 个关键帧拖至第 21 帧，将"承"图层中的第 1 个关键帧拖至第 31 帧。

8．在"文"图层中的第 10 帧处插入关键帧，在"化"图层中的第 20 帧处插入关键帧，在"传"图层中的第 30 帧处插入关键帧，在"承"图层中的第 40 帧处插入关键帧，在各图层的关键帧间创建"传统补间动画"，时间轴效果如图 5-16 所示。

图 5-15　图层显示

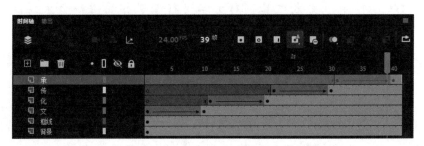
图 5-16　时间轴效果

9．选中所有图层的第 50 帧，按 F5 键插入帧。

10．分别选中第 1 帧的"文"、第 11 帧的"化"、第 21 帧的"传"、第 31 帧的"承"，用"任意变形工具"将文字缩小，在属性面板的"色彩效果"区域中设置"Alpha"值为"0%"。

11．按【Ctrl+S】组合键保存文件，按【Ctrl+Enter】组合键测试影片。播放效果如图 5-12 所示。

案例描述

　　使用滤镜功能可以制作出丰富多彩的文字效果，结合滤镜制作出如图 5-17 所示的投影、模糊、发光、斜角、渐变发光的文字效果。

图 5-17　文字滤镜效果

案例分析

- 使用"文本工具"对文字进行设置。
- 能够根据各种滤镜设置相应的参数。

1．在 Animate 中新建 ActionScript 3.0 文档，设置舞台大小为"964x572"像素，按【Ctrl+S】组合键打开"另存为"对话框，选择保存路径，输入文件名"中国梦"，然后单击"保存"按钮，回到工作区。

2．执行菜单"文件"→"导入"→"导入到舞台"命令，将素材图片"工匠精神"导入舞台，打开对齐面板，选中"与舞台对齐"复选框，设置"对齐"为"水平中齐"，"分布"为"垂直居中分布"，"匹配大小"为"匹配宽和高"。

3．将"图层_1"命名为"背景"，在第 150 帧处插入帧并锁定。新建"图层_2"并命名为"文字"。

4．单击"文本工具" **T**，展开文本属性面板，设置"文本引擎"为"传统文本"，"文本类型"为"静态文本"，"字符"系列为"华文行楷"，"大小"为"100pt"，"文本颜色"为"#660033"，在舞台右上方输入文字"中国梦　工匠精神"。

5．选中文本"中国梦　工匠精神"，单击属性面板中的"滤镜"选项，在展开的区域左下角单击"添加滤镜"按钮，在弹出的"滤镜"快捷菜单中执行"投影"命令，出现投影属性面板，各参数设置如图 5-18 所示。设置完成的投影滤镜文字效果如图 5-19 所示。

图 5-18　"投影"参数设置

图 5-19　投影滤镜文字效果

6．在第 30 帧处插入关键帧，选中属性面板中的"投影"滤镜，单击下方的"删除滤镜"按钮。然后单击"添加滤镜"按钮，在弹出的"滤镜"快捷菜单中执行"模糊"命令，出现模糊属性面板，各参数设置如图 5-20 所示。设置完成的模糊滤镜文字效果如图 5-21 所示。

7．在第 60 帧处插入关键帧，选中属性面板中的"模糊"滤镜，单击下方的"删除滤镜"按钮。然后单击"添加滤镜"按钮，在弹出的"滤镜"快捷菜单中执行"发光"命令，出现发光属性面板，各参数设置如图 5-22 所示。设置完成后的发光滤镜文字效果如图 5-23 所示。

8．在第 90 帧处插入关键帧，选中属性面板中的"发光"滤镜，单击下方的"删除滤镜"

按钮 。然后单击"添加滤镜"按钮，在弹出的"滤镜"快捷菜单中执行"斜角"命令，出现斜角属性面板，各参数设置如图 5-24 所示。设置完成后的斜角滤镜文字效果如图 5-25 所示。

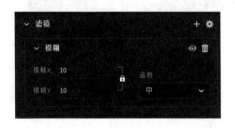

图 5-20 "模糊"参数设置

图 5-21 模糊滤镜文字效果

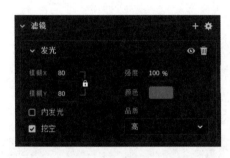

图 5-22 "发光"参数设置

图 5-23 发光滤镜文字效果

图 5-24 "斜角"参数设置

图 5-25 斜角滤镜文字效果

9．在第 120 帧处插入关键帧，选中属性面板中的"斜角"滤镜，单击下方的"删除滤镜"按钮 。然后单击"添加滤镜"按钮，在弹出的"滤镜"快捷菜单中执行"渐变发光"命令，出现渐变发光属性面板，各参数设置如图 5-26 所示。设置完成后的渐变发光滤镜文字效果如图 5-27 所示。

10．在第 150 帧处插入帧，按【Ctrl+S】组合键保存文件，按【Ctrl+Enter】组合键测试影片。播放效果如图 5-17 所示。

图 5-26 "渐变发光"参数设置

图 5-27 渐变发光文字滤镜效果

5.2 文本转换

由于利用文本工具输入的文本是一个位图,将其放大时会出现锯齿状,因此不能对文本进行特殊的处理。但可通过对文本进行分离操作,将其转换成矢量图,就可以对其进行编辑了。

对文本进行分离过程中需要注意的问题:如果只有一个字,那么分离一次就可以了;如果输入的是多个字,那么需要分离两次,才能将其转换成矢量图。可以执行菜单"修改"→"分离"命令,也可以按【Ctrl+B】组合键进行分离。转换成矢量图后,可以用"墨水瓶工具"勾画出字的边缘,也可以设置字的填充颜色,而不会再受到系统字体的影响。

5.3 滤镜的使用

1. 滤镜概述

使用滤镜,可以为文本、按钮和影片剪辑增添有趣的视觉效果,也可以通过补间创建动态滤镜效果。可以为一个对象添加多个滤镜,也可以删除多余的滤镜。

2. 应用滤镜

(1)选择文本、按钮或影片剪辑对象。例如,选中如图 5-28 所示的文本。

(2)打开属性面板,选择"滤镜"并单击"添加滤镜" ➕ 按钮,打开如图 5-29 所示的"滤镜"下拉列表,在列表中选择一种滤镜。例如,选择"发光"。

图 5-28 选中文本

图 5-29 "滤镜"下拉列表

（3）设置滤镜参数。在如图5-30所示的滤镜面板中，设置"发光"滤镜的参数为"模糊：X、Y"均为"5"；"强度"为"500%"；"品质"为"高"；"颜色"为"#00CCFF"；勾选"挖空"选项。"发光"滤镜效果如图5-31所示。

图5-30　滤镜面板

图5-31　"发光"滤镜效果

3. 复制和粘贴滤镜

可以通过复制滤镜和粘贴滤镜的操作，把已有的滤镜效果直接应用于其他对象。

（1）选择要从中复制滤镜的对象（例如，选中文本"学好Animate"）。

（2）打开滤镜面板，选择要复制的滤镜（例如，选择"发光"），然后单击"选项"按钮，在下拉列表中选择"复制选定的滤镜"。

（3）选择要应用滤镜的对象（例如，选中文本"原来很轻松"），然后单击"选项"按钮，在下拉列表中选择"粘贴滤镜"，完成后的效果如图5-32所示。

图5-32　"粘贴滤镜"效果

4. 删除滤镜

从已应用滤镜的列表中选择要删除的滤镜，然后单击"删除滤镜"　按钮。

≫ 思考与实训5

一、填空题

1. 使用文本工具可以创建＿＿＿＿＿＿、＿＿＿＿＿＿和＿＿＿＿＿＿3种文本类型。

2. ＿＿＿＿＿＿＿＿＿＿＿是 Animate 文本工具默认的文本类型。

3. 如果将文本放在定宽字段或定高字段中，这些字段会自动扩展和＿＿＿＿＿＿＿＿。

4. 动态文本显示＿＿＿＿＿＿＿＿＿＿的文本。

5. 输入文本面板的"多行"下拉框中有＿＿＿＿种选项，如果要输入密码应该选择＿＿＿＿＿＿选项。

6. 安装新字体时，可以通过执行＿＿＿＿＿＿＿＿＿命令，打开字体窗口。

二、上机实训

1. 利用提供的素材"新时代新征程"，制作如图 5-33 所示的写字动画效果，具体效果参考素材文件"新时代新征程.swf"。

2. 利用提供的素材"打字效果"，结合传统文本工具制作如图 5-34 所示的打字动画效果，文字内容为"人生就像舞台，每个人都是主角。"具体效果参考素材文件"打字效果.swf"。

图 5-33　写字动画效果

图 5-34　打字动画效果

3. 利用提供的素材"中国诗词大会"，结合滤镜设计出如图 5-35 所示的渐变斜角滤镜效果，文字内容为"古韵风流，诗风词意"，具体效果参考素材文件"诗韵.swf"。

图 5-35　渐变斜角滤镜效果

模块 6

•••• 多媒体与脚本交互

案例 18 中华民族砥砺前行——应用声音与视频

案例描述

　　制作如图 6-1 所示的动画短片。首先配合人物的口型与动作播放一段语音播报，然后根据播报的新闻内容，在电视中播放一段相关视频。

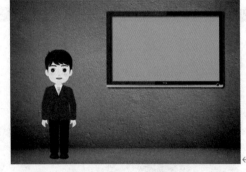

图 6-1　动画短片

案例分析

- 导入"人物动画.swf"文件，在生成的影片剪辑中插入"配音"音乐。
- 以"在 SWF 中嵌入 FLV 并在时间轴中播放"的方式导入 FLV 视频，并添加到舞台播放。

操作步骤

1. 在 Animate 中新建 ActionScript 3.0 文档，设置舞台大小为"640×480"像素。按【Ctrl+S】组合键保存文件，并命名为"中华民族砥砺前行.fla"。

2. 把"图层_1"重命名为"背景"，执行菜单"文件"→"导入"→"导入到舞台"命令，将"背景.jpg"导入舞台，并调整其大小及位置与舞台对齐。选中"背景"层的第 520 帧，按 F5 键插入帧。

3. 执行菜单"插入"→"新建元件"命令，新建名称为"人物动画"的影片剪辑。执行菜单"文件"→"导入"→"导入到舞台"命令，将"人物动画.swf"导入影片剪辑的舞台，此时"背景"图层自动生成了第 210 帧的人物动画，将时间轴移至第 260 帧处，按 F5 键插入帧。

4. 在"人物动画"影片剪辑舞台中的"图层_1"上方创建新图层并命名为"配音"。执行菜单"文件"→"导入"→"导入到舞台"命令，导入声音文件"配音.mp3"，效果如图 6-2 所示。选择"配音"图层的第 1 帧，在声音属性面板中设置"同步"为"数据流"，效果如图 6-3 所示。

图 6-2　导入声音文件

图 6-3　设置"声音"属性

5. 将时间轴移至第 260 帧处，打开代码片段面板，如图 6-4 所示。单击展开"时间轴导航"分类，双击"在此帧处停止"选项，打开如图 6-5 所示的动作面板。在该面板中，新添加的脚本高亮显示。此时时间轴自动创建了一个新图层"Actions"，其第260帧处出现一个"a"字。

图6-4 代码片段面板

图6-5 动作面板

6．返回"场景1"，在"背景"层上方新建图层，命名为"人物"。将"人物动画"影片剪辑拖入舞台，并调整其大小及位置。

7．在"人物"图层上方新建图层，命名为"电视"，将素材"电视.png"导入舞台，并调整其大小及位置，舞台效果如图6-6所示。

8．在"电视"图层上方新建图层，命名为"视频"，在该图层的第260帧处插入关键帧。执行菜单"文件"→"导入"→"导入视频"命令，打开如图6-7所示的"选择视频"对话框，单击"浏览"按钮，选择文件"北京城市风光.flv"，选择"在SWF中嵌入FLV并在时间轴中播放"选项，单击"下一步"按钮，打开"嵌入"对话框，设置如图6-8所示。继续单击"下一步"按钮，完成视频导入，此时"视频"图层中自动生成了第260帧的动画。调整插入视频的大小及位置，使其与电视匹配，效果如图6-9所示。

图6-6 添加"电视"后舞台效果

图6-7 "选择视频"对话框

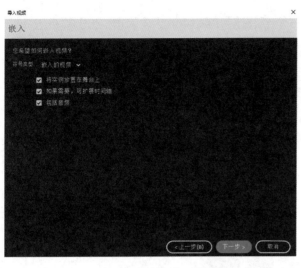

图 6-8　"嵌入"对话框 　　　　　　　　　图 6-9　插入并调整视频后的效果

9. 按【Ctrl+S】组合键保存文件，按【Ctrl+Enter】组合键测试影片。播放效果如图 6-1 所示。

6.1　应用声音

在动画制作过程中添加声音素材，可以使动画更加生动、有趣。在Animate CC中，可以为整个动画添加声音，也可以为动画中的元件添加声音。

Animate CC 支持 WAV、MP3、AU 等声音文件的导入，如果系统中安装了 QuickTime 软件，还可以导入 AIFF 或只有声音的 QuickTime 影片文件。

1. 声音的导入

只有把外部的声音文件导入 Animate 中，才能在 Animate 作品中加入声音效果。

执行菜单"文件"→"导入"→"导入到库"命令，在打开的"导入到库"对话框中选择并打开所需的声音文件，如图 6-10 所示。导入声音后，可以在库面板中看到刚导入的声音文件，如图 6-11 所示，单击波形右侧的"播放"按钮▶可以试听声音。

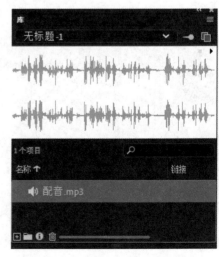

图 6-10　"导入到库"对话框 　　　　　　　图 6-11　"库"中的声音文件

2. 添加声音到时间轴

可以把多个声音放在一个图层中，也可以分别放在不同的图层。建议将每个声音放在单独的图层，以方便编辑。

选定图层后，将声音从库面板中拖入舞台，声音就被添加至当前图层。添加了声音的图层第1帧会有一条短线，如图6-12所示。选择后面的某一帧，按F5键插入帧，就可以看到更多的声音波形，如图6-13所示。

图6-12　第1帧上的短线

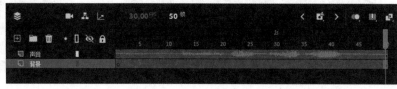

图6-13　图层中的声音波形

3. 为按钮添加声音

可以将声音和一个按钮元件的不同状态关联起来。将声音添加到按钮元件，能使按钮操作更具互动性，效果更生动，操作步骤如下。

（1）双击要添加声音效果的按钮，进入按钮编辑状态。

（2）在时间轴中新建"声音"图层。

（3）在"声音"图层的需要添加声音的状态帧中创建关键帧。例如，要实现单击按钮时播放声音，可以在标记为"按下"的状态帧中创建关键帧。

（4）单击已创建的关键帧，从属性面板"声音"栏的"名称"下拉列表中选择一个声音文件（或将"库"中的声音文件直接拖入元件的编辑窗口），从"同步"下拉列表中选择"事件"选项，为按钮添加声音的编辑效果，如图6-14所示。

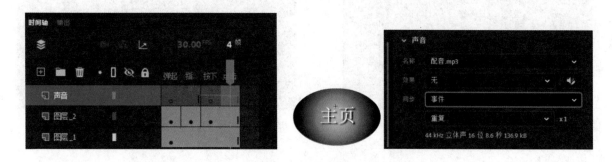

图6-14　为按钮添加声音的编辑效果

4. 设置声音的属性

通过设置声音属性，可以丰富声音的效果，更好地适应动画播放的需要。

（1）在时间轴上，选择包含声音文件的第1帧，打开声音属性面板，如图6-15所示。

（2）在声音属性面板中，从如图6-16所示的"名称"下拉列表中选择一个声音文件，就可以把声音添加到时间轴。若选择"无"，则不添加声音或删除所选帧中已经存在的声音。

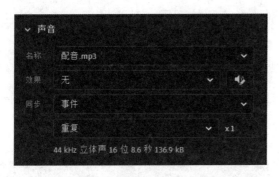

图 6-15　声音属性面板

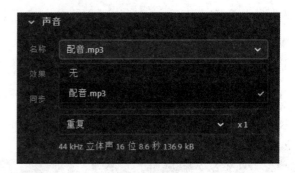

图 6-16　选择声音文件

（3）从"效果"下拉列表中选择相应选项，可设置声音播放的效果，如图 6-17 所示。
"效果"选项含义如下：

- 无：不应用任何声音效果。
- 左声道/右声道：只在左声道/右声道中播放声音。
- 向右淡出/向左淡出：将声音从一个声道切换到另一个声道。
- 淡入/淡出：随着声音的播放逐渐增加/减小音量。
- 自定义：可以使用"编辑封套"对话框编辑声音。

（4）从"同步"下拉列表中选择同步方式，如图 6-18 所示。

图 6-17　"效果"选项

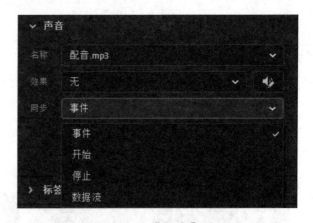

图 6-18　"同步"选项

"同步"选项含义如下：

- 事件：Animate 会将声音和一个事件的发生过程同步起来，如单击按钮。从声音的起始关键帧开始，并独立于时间轴完整播放。即使 SWF 文件在声音播放完之前停止，声音也会继续播放至完成。
- 开始：与"事件"选项的功能相近，但若声音已经在播放，则不会播放新声音。
- 停止：使指定的声音停止。

● 数据流：Animate 强制动画和音频流同步。音频流随着 SWF 文件的停止而停止。

（5）从"重复"和"循环"选项中选择一项，如图 6-19 所示。选择"重复"选项，在右侧输入一个值，可以指定声音循环的次数；选择"循环"选项，可以连续重复播放声音。实际应用中不建议循环播放数据流，因为将数据流设为循环播放，帧就会添加到文件中，文件的大小就会根据声音循环播放次数的增多而倍增。

5. 用"编辑封套"功能自定义声音效果

选择包含声音的帧，打开属性面板，单击"效果"右侧的"编辑声音封套"按钮 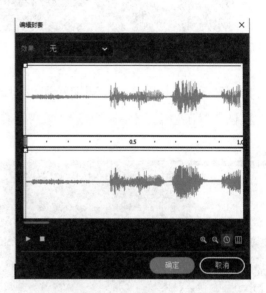，或选择"效果"列表中的"自定义"选项，即可打开如图 6-20 所示的"编辑封套"对话框。上下窗格分别对应左、右声道，波形上方的封套线标示音量大小。

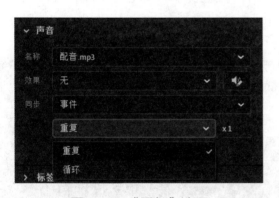

图 6-19 "重复"选项　　　　　图 6-20 "编辑封套"对话框

● 若要改变声音的起始点和终止点，可拖动"编辑封套"对话框中的"开始时间"和"停止时间"控件，如图 6-21 所示为调整声音的开始时间。

● 若要更改音量，可拖动封套手柄来改变不同点处的音量级别。封套线显示声音播放时的音量。单击封套线，可添加封套手柄。要删除封套手柄，可将其拖出窗口，如图 6-22 所示为调整左声道的封套线。

● 若要改变窗口中显示声音波形的大小，可单击"放大"按钮 或"缩小"按钮 。

● 若要在秒和帧之间切换时间单位，可单击"秒"按钮 或"帧"按钮 。

6. 压缩声音

在 Animate 中导入声音后，文件也会相应地增大。通过设置声音文件的压缩方式，可以在尽可能减小文件大小的同时保证声音的质量不受影响。双击库面板中的声音图标，可打开"声音属性"对话框，如图 6-23 所示。

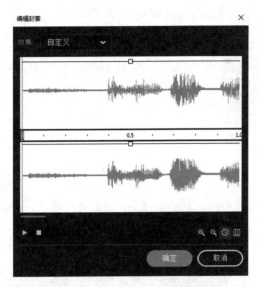
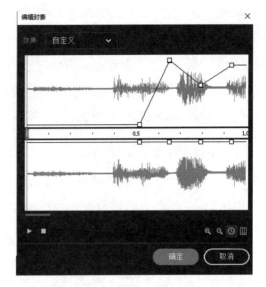

图 6-21　调整声音的开始时间　　　　图 6-22　调整左声道的封套

　　如果声音文件已经在外部编辑过，可单击"更新"按钮更新。单击"压缩"选项，可以从"默认""ADPCM""MP3""Raw""语音"中选择一种压缩方式，如图 6-24 所示。

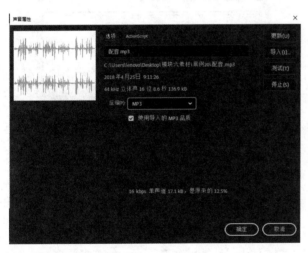
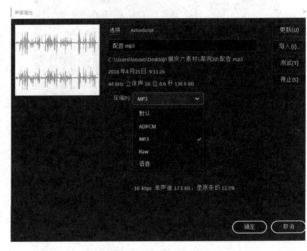

图 6-23　"声音属性"对话框　　　　图 6-24　"压缩"选项

"压缩"选项含义如下：

- 默认：选择该方式，将使用"发布设置"对话框中默认的压缩设置。
- ADPCM：用于 8 位或 16 位声音数据的压缩。导出较短的事件声音（如单击按钮）时适合使用此设置。
- MP3：以 MP3 压缩格式导出声音，适合导出较长的音频流。
- Raw：导出声音时不进行声音压缩。选择"预处理"右侧的"将立体声转换成单声道"复选框（单声道不受此选项的影响），会将混合立体声转换成非立体声（单声道）。
- 语音：采用适合于语音的压缩方式导出声音。

6.2 应用视频

Animate 视频具备创造性的技术优势，允许把视频、数据、图形、声音和交互式控制融为一体，从而给人丰富的体验。

导入 Animate 中的视频，必须是使用以 FLV/F4V 或 H.264 格式编码的。视频导入向导会检查要导入的视频文件，如果不是 Animate 可以播放的格式，则会提醒用户。可以使用 Adobe Media Encoder 或其他软件转换视频格式，以适合 Animate 的播放。

1. 导入本地视频

Animate 提供了完善的视频导入向导，简化了将视频导入的操作。视频导入向导为所选的导入和回放方法提供了基本的配置，用户可以进行修改以满足特定的要求。

（1）执行菜单"文件"→"导入"→"导入视频"命令，打开"导入视频"对话框，如图 6-25 所示。

图 6-25　"导入视频"对话框

（2）单击"浏览"按钮，在打开的如图 6-26 所示的对话框中选择要导入的视频文件。

图 6-26　选择视频文件

（3）在"导入视频"对话框中选择相应的导入方式。

① 使用播放组件加载外部视频

导入的视频将使用播放组件来加载，以方便控制视频的播放。在如图 6-25 所示的对话框中选择该选项，单击"下一步"按钮，打开如图 6-27 所示的"设定外观"对话框，选择合适的外观及颜色，单击"下一步"按钮，在打开的如图 6-28 所示的"完成视频导入"对话框中单击"完成"按钮，即可在舞台中创建视频组件。

图 6-27　"设定外观"对话框　　　　　　图 6-28　"完成视频导入"对话框

② 在 SWF 中嵌入 FLV 并在时间轴中播放

将 FLV 文件嵌入到 Animate 文档中，则嵌入的视频文件会放置于时间轴，成为 Animate 文档的一部分。由于每个视频帧都对应时间轴中的一个帧，因此视频剪辑和 SWF 文件的帧速率必须相同，否则视频回放将不一致。若要播放嵌入在 SWF 文件中的视频，必须先下载整个视频文件，然后才能播放。因此，嵌入的视频适合较短的视频文件，尤其是回放时间少于 10 秒的视频剪辑，嵌入的效果最好。

在如图 6-25 所示的对话框中，选择"在 SWF 中嵌入 FLV 并在时间轴中播放"选项，单击"下一步"按钮，打开如图 6-29 所示的"嵌入"对话框，选择用于将视频嵌入到 SWF 文件的"符号类型"，如图 6-30 所示，继续单击"下一步"按钮，完成视频的导入。

"符号类型"选项含义如下：

● 嵌入的视频：如果要使用在时间轴上线性播放的视频剪辑，最合适的方法就是选择此项，将该视频导入时间轴。

● 影片剪辑：视频的时间轴独立于主时间轴进行播放，不必为容纳该视频而将主时间轴扩展很多帧。将视频置于影片剪辑元件中是良好的创作习惯。

● 图形：将视频嵌入到图形元件中，将无法使用 ActionScript 与该视频进行交互。

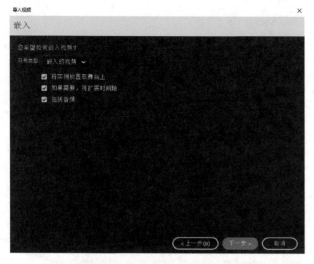

图 6-29　"嵌入"对话框

图 6-30　选择符号类型

如果嵌入视频的源文件被重新编辑,可以在"库"中选择该视频剪辑,然后选择"属性"并单击"更新",即可用编辑过的文件更新嵌入的视频剪辑。初次导入该视频时选择的压缩设置,也会重新应用到更新后的视频剪辑中。

③ 将 H.264 视频嵌入时间轴

该方式可以将 H.264 格式的视频嵌入时间轴,作为动画设计时参考,但导入的视频不能导出到已发布的 SWF 文件中。

2. 导入 Web 服务器视频

(1)执行菜单"文件"→"导入"→"导入视频"命令,打开"导入视频"对话框。

(2)在打开的对话框中选择"已经部署到 Web 服务器""Flash Video Streaming Service"或"Flash Media Server"选项,并输入 URL 地址,如图 6-31 所示。

(3)单击"下一步"按钮,在打开的如图 6-32 所示的"设定外观"对话框中设定播放器外观。

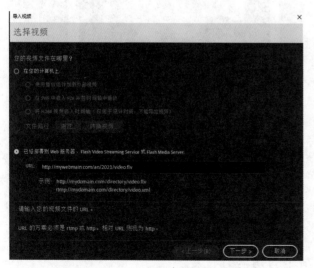

图 6-31　"选择视频"对话框

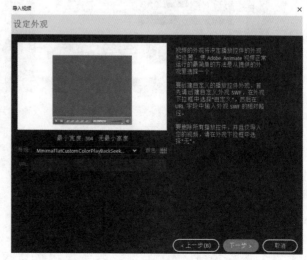

图 6-32　"设定外观"对话框

（4）继续单击"下一步"按钮，完成视频的导入。

城市名片——脚本交互

案例描述

通过单击 3 个按钮，分别打开风景、视频、简介 3 个动画界面，声形并茂的呈现"城市名片"动画效果，如图 6-33 所示。

图 6-33 "城市名片"动画效果

案例分析

- 制作 3 个有声音、动态的按钮元件。
- 制作风景切换的动态效果，合理插入视频及图像。
- 通过编辑"代码片段"，实现用按钮控制界面切换的效果。

操作步骤

1. 在 Animate 中新建 ActionSpript 3.0 文档，设置舞台大小为 600×500 像素。按【Ctrl+S】组合键保存文件，并命名为"城市名片.fla"。

2. 把"图层 1"重命名为"背景"，导入图片素材"背景.jpg"至舞台，并将其缩放到与舞台相同的尺寸。将时间轴移至第 181 帧，按 F5 键插入帧。

3. 将素材图片"相框 1.png""相框 2.png""相框 3.png"和声音文件"按钮声音.wav"导入库。新建按钮元件，命名为"按钮 1"。将"相框 1.png"拖入按钮编辑舞台。在"指针经过"帧处按 F6 键插入关键帧，在"按下"帧处按 F5 键插入帧，"按钮 1"元件编辑舞台效果如图 6-34 所示。

4. 在按钮编辑舞台的"图层 1"上方新建"图层 2"。在"指针经过"帧处插入关键帧，在"按下"帧处插入帧。利用"矩形工具"在"指针经过"关键帧中绘制一个颜色为#FF9933、Alpha 值为 70%的无边矩形。利用"文本工具"，输入大小为 50pt、颜色为黑色、系列为华文隶书的文字"风景"，矩形及文字绘制效果如图 6-35 所示。

图 6-34　"按钮 1"元件编辑舞台效果

5. 在"图层 2"上方新建"图层 3"，在"指针经过"帧处插入关键帧，将库中的"按钮声音.wav"拖入舞台。同时选中图层 1、图层 2"指针经过"帧中的对象，利用"任意变形工具"适当的旋转对象，对象旋转后效果如图 6-36 所示。

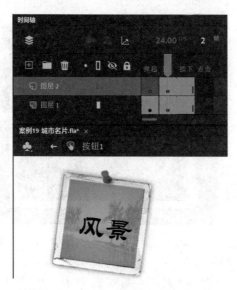

图 6-35　矩形及文字绘制效果

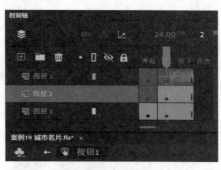

图 6-36　对象旋转后效果

155

6．用同样的方法，分别利用"相框 2.png""相框 3.png"素材制作按钮 2、按钮 3，文字分别替换为"简介""视频"。

7．返回场景 1，在"背景"层上方新建"按钮"图层，分别将 3 个按钮拖入舞台，并调整其位置、大小及角度，按钮排列效果如图 6-37 所示。将播放头移至第 181 帧处，按 F5 键插入帧。

8．将素材"风景 1.jpg"~"风景 4.jpg""简介.png""巴黎的春天.mp3"导入"库"。在"按钮"图层上方新建"对象"图层，将"风景 1.jpg"拖入舞台并调整其大小及位置，调整后的效果如图 6-38 所示。

图 6-37　按钮排列效果

图 6-38　"风景 1.jpg"调整后的效果

9．在"对象"图层的第 2 帧处插入关键帧，将"风景 1.jpg"替换为"简介.png"，图像效果如图 6-39 所示。

10．将素材图像"风景 2.jpg""风景 3.jpg""风景 4.jpg"分别转换为图形元件"风景 2""风景 3""风景 4"。在"对象"图层的第 3 帧处插入关键帧，将"简介.png"替换为"风景 2"图形元件（可借助绘图纸外观对齐对象），插入图形元件后的效果如图 6-40 所示。

图 6-39　第 2 帧图像效果

图 6-40　第 3 帧插入图形元件后的效果

11．在第 30 帧处插入关键帧，将"风景 2"元件的 Alpha 值调整为 15%。在第 3~30 帧之间创建传统补间动画。

12．在第 31 帧处插入关键帧，将"风景 2"元件替换为"风景 3"元件，保持 Alpha 值为 15%，分别在第 60 帧、90 帧处插入关键帧，调整第 60 帧处元件的 Alpha 值为 100%。分别在第 31~60 帧、60~90 帧之间创建传统补间动画。

13．在第 91 帧处插入关键帧，将"风景 3"元件替换为"风景 4"元件，借鉴步骤 12，在第 91~150 帧之间，制作"风景 4"元件透明度变化的传统补间动画。

14．在第 151 帧处插入关键帧，将"风景 4"元件替换为"风景 2"元件，保持 Alpha 值为 15%。在第 180 帧处插入关键帧，将元件的 Alpha 值调整为 100%，在第 151~180 帧之间创建传统补间动画。

15．在第 181 帧处插入关键帧，将"风景 2"元件删除。执行菜单"文件"→"导入"→"导入视频"命令，将视频"北京城市风光.flv"以"嵌入"的方式导入，"导入视频"对话框如图 6-41 所示。此时"对象"图层中第 181~440 帧之间自动嵌入了该视频。分别在"背景"图层、"按钮"图层的第 440 帧处按 F5 键插入帧。调整插入视频的大小及位置，导入视频后的效果如图 6-42 所示。

图 6-41　"导入视频"对话框　　　　　　　　　图 6-42　导入视频后的效果

16．在"对象"图层的上方新建"声音"图层，分别在该图层的第 3 帧、第 180 帧处插入关键帧。选中第 3 帧，将"库"中的"巴黎的春天.mp3"拖入舞台，时间轴效果如图 6-43 所示。打开声音属性面板，设置声音属性如图 6-44 所示。

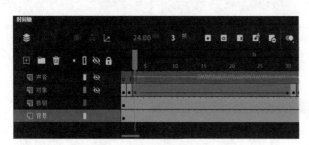

图 6-43　时间轴效果　　　　　　　　　　图 6-44　设置声音属性

17．将播放头移至第 1 帧处，打开代码片段面板，如图 6-45 所示。单击展开"时间轴导航"分类，双击"在此帧处停止"选项，在动作面板中，新添加的脚本高亮显示。此时时间轴自动创建新图层"Actions"，第 1 帧上出现一个"a"字，添加脚本后效果如图 6-46 所示。

图 6-45　代码片段面板

图 6-46　添加脚本后效果

18．将播放头分别移至第 2 帧、第 180 帧、第 440 帧处，为其添加"在此帧处停止"动作脚本。

19．将播放头移至第 1 帧，分别将"按钮 1""按钮 2""按钮 3"元件的实例命名为"a1""a2""a3"。选中舞台上的"按钮 1"，打开代码片段面板，展开"时间轴导航"分类，如图 6-45 所示。双击"单击以转到帧并播放"选项，在动作面板新添加的脚本语句中，将播放的帧编号修改为"3"，添加脚本后效果如图 6-47 所示。

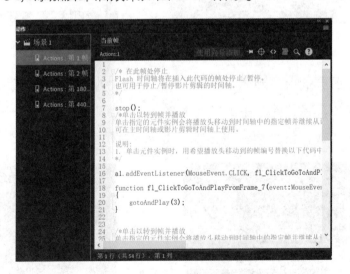

图 6-47　添加脚本后效果

20．用同样的方法，将播放头移至第 1 帧，为"按钮 2""按钮 3"元件添加动作脚本，让其分别转到第2帧、第181帧处播放，两按钮添加的脚本语句如图6-48、图6-49所示。

图 6-48 "按钮2"添加的脚本语句

图 6-49 "按钮3"添加的脚本语句

21. 按【Ctrl+S】组合键保存文件，按【Ctrl+Enter】组合键测试影片。播放效果如图6-33所示。

6.3 ActionScript 3.0

Animate 动画的一个重要特点是可以通过编写代码实现交互功能，并且可以使用程序代码创建更加丰富多彩的动画效果，这些动画效果利用逐帧动画或补间动画则很难实现。与之前的 ActionScript 代码相比，ActionScript 3.0 的执行速度可以快 10 倍。与其他版本相比，此版本要求开发人员对面向对象的编程概念有更深入的了解，可以使用动作面板的脚本窗口或外部编辑器在创作环境内添加 ActionScript。

1. 动作面板

动作面板是 Animate 提供的专门处理动作脚本的编辑环境。执行菜单"窗口"→"动作"命令或按 F9 键，即可打开动作面板，如图 6-50 所示。通过动作面板可以快速访问 ActionScript 的核心元素，该面板还提供了不同的工具，用于帮助编写、调试、格式化、编辑和查找代码。

图 6-50 动作面板

动作面板分为多个窗格，位于面板左侧的是脚本导航器窗格，右侧的是脚本窗格。单击脚本导航器窗格中的某一项，与该项相关联的脚本语言将显示在脚本窗格中。脚本窗格用于输入脚本代码。面板左上方提供的动作工具栏，可为编码工作提供很多便利。

- 固定脚本 ◼: 将脚本固定到脚本窗格中，以保留代码在动作面板中的打开位置。
- 插入实例路径和名称 ⊕: 设置脚本中某个动作的绝对或相对路径。
- 代码片段 <>: 可打开"代码片段"对话框。
- 设置代码格式 ▤: 可设置编辑代码所用的格式。
- 查找 🔍: 查找并替换脚本中的代码文本。
- 帮助 ❓: 显示脚本窗格中所选元素的参考信息。

2. 代码片段面板

对于 ActionScript 的初学者来说，编写代码并不是一件简单的事情。Animate 提供了代码片段面板，可以帮助不熟悉脚本语言的设计者实现某些脚本功能。借助该面板，可以将 ActionScript 3.0 代码添加到 FLA 文件以启用常用功能。执行菜单"窗口"→"代码片段"命令或者在动作面板中单击"代码片段"按钮 <>，可打开如图 6-51 所示的代码片段面板。

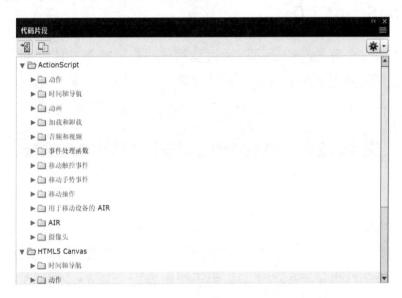

图 6-51 代码片段面板

利用代码片段面板，可以方便地为舞台中的对象及时间轴中的帧添加动作代码。为舞台中的对象添加代码时，需要将该对象转换为影片剪辑，并定义实例名称。

（1）将代码片段添加到舞台对象

① 选中舞台中的人物影片剪辑，设置实例名称为"a1"，如图 6-52 所示。

② 打开代码片段面板，选择要应用代码的实例"a1"，双击如图 6-53 所示代码片段面板中的"自定义鼠标光标"选项。

图 6-52 设置实例名称

图 6-53 "自定义鼠标光标"选项

③此时会自动新建"Actions"图层，并同时打开如图 6-54 所示的动作面板。

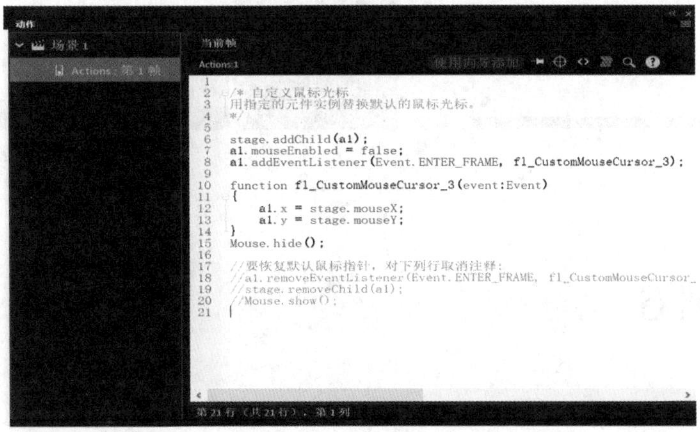

图 6-54 动作面板

④按【Ctrl+Enter】组合键测试动画效果，可以看到鼠标的指针变成了人物对象的形状。

提示：为舞台中选定的对象添加代码片段时，如果该对象不是影片剪辑，则添加代码时会弹出如图 6-55 所示的提示对话框。单击"确定"按钮，系统会自动将对象转换为影片剪辑并命名。

图 6-55 提示对话框

（2）将代码片段添加到时间轴中的帧

① 选择时间轴面板中需要添加代码的帧。

② 打开如图 6-56 所示的代码片段面板，单击展开"时间轴导航"分类，双击选择相应的动作选项，代码片段将自动添加至动作面板中，如图 6-57 所示。

图 6-56 代码片段面板

图 6-57 动作面板

》》思考 与 实训 6

一、填空题

1. 在 Animate 中，声音有_____、_____、_____、_____4 种同步方式，其中可以与时间轴同步播放的是_____方式。

2. 添加到按钮的声音最好采用_____同步方式。

3. 使用_____可以自定义编辑声音的效果。

4. 通过调整声音文件的压缩方式，可以在尽可能减小文件大小的同时保证声音的质量不受影响，可以从_____、_____、_____、_____、_____中选择一种压缩方式。

5. 若要将视频导入 Animate 中，必须使用以_____或_____格式编码的视频。

6. 使用_____方式导入视频，视频内容独立于其他 Animate 内容和视频回放控件，更新视频内容相对容易。

7. 使用_____导入方式，适合回放时间少于 10 秒的视频剪辑。

8. 将视频置于_____元件中，可以获得对内容的最大控制。

9. _____面板是 Animate 提供的专门处理动作脚本的编辑环境。执行菜单"窗口"→"动作"命令或按_____键，即可打开该面板。

10. Animate 提供了一个＿＿＿＿＿＿＿面板，可以帮助不熟悉脚本语言的设计者实现某些脚本功能。

二、上机实训

1. 收集同学的照片，制作一个班级电子相册，为照片配上文字说明与背景音乐。

2. 在动作面板中直接输入脚本代码，实现控制动画跳转、停止的功能。

3. 使用代码片段面板，控制舞台实例的显示、隐藏、旋转、移动等属性。

4. 使用代码片段面板，通过按钮控制动画的播放流程及舞台实例的属性。

•••• 综合能力进阶

案例 **20** 中秋节快乐——制作电子贺卡

案例描述

制作如图 7-1 所示的"中秋节快乐"电子贺卡动画短片。镜头中花枝轻轻摇曳，花瓣纷纷飘落，云朵缓缓飘过；诗句伴随着背景音乐逐字出，镜头中各种中秋元素烘托出浓浓的思乡之情。最后呼应主题，呈现祝福语"中秋"文字。

图 7-1 "中秋节快乐"电子贺卡动画短片

案例分析

- 创建背景图像渐显的传统补间动画；添加背景音乐。
- 利用 GIF 动画创建"花瓣雨"影片剪辑，制作花瓣纷纷飘落的效果。
- 制作诗句文字逐字出现的遮罩动画效果。

● 添加并设置"replay"按钮。

操作步骤

1．在 Animate 中新建 ActionScript 3.0 文档，设置舞台大小为"900×300"像素，背景颜色为"黑色"。按【Ctrl+S】组合键保存文件，命名为"中秋节快乐.fla"。

2．执行菜单"文件"→"导入"→"导入到库"命令，将素材文件夹中除"花瓣雨.gif"以外的所有素材导入库，素材文件夹如图 7-2 所示。

图 7-2　素材文件夹

3．将"图层_1"重命名为"背景"，将库中的"背景"图像拖入舞台，利用对齐面板调整其大小及位置与舞台匹配。用鼠标右键单击背景图像，在弹出的快捷菜单中执行"转化为元件"命令，将其转化为图形元件。在"背景"图层的第 30 帧处插入关键帧，在第 300 帧处插入帧。

4．选中第 1 帧处的"背景"元件，在其属性面板中设置 Alpha 值为 0%。选择第 1~30 帧之间的任一帧，单击鼠标右键，在弹出的快捷菜单中执行"创建传统补间"命令，此时"背景"图层效果如图 7-3 所示。

图 7-3　"背景"图层效果

5．在"背景"图层上方新建图层，命名为"月亮"。选中"月亮"图层的第 1 帧，将库中的"月亮.png"拖入舞台，并将其转化为图形元件。在"月亮"图层的第50帧处插入关键帧，效果如图7-4所示。

6. 选中第1帧中的"月亮"元件，在其属性面板中设置Alpha值为10%，并向舞台下方调整其位置，如图7-5所示。选择第1~50帧之间的任一帧，单击鼠标右键，在弹出的快捷菜单中执行"创建传统补间"命令。

图7-4 第50帧处月亮效果

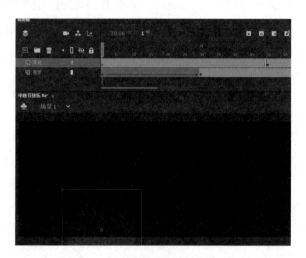

图7-5 第1帧处月亮效果

7. 在"月亮"图层上方新建图层，命名为"云"。选中"云"图层的第1帧，将库中的"云.png"拖入舞台，将其转化为图形元件并调整大小及位置如图7-6所示。在"云"图层第300帧处插入关键帧，将云水平向右移动，效果如图7-7所示。在第1~300帧之间创建传统补间动画。

图7-6 第1帧处云效果

图7-7 第300帧处云效果

8. 在"云"图层上方新建图层，命名为"花枝"。在"花枝"图层第50帧处插入关键帧，将库中的"花枝.png"拖入舞台，将其转化为图形元件并调整大小及位置，利用"任意变形工具"将其中心点移至左侧树干处，效果如图7-8所示。分别在第80帧、110帧处插入关键帧，调整80帧处花枝效果如图7-9所示。分别在第50~80帧、80~110帧之间创建传统补间动画。

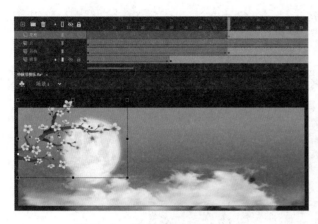

图 7-8　第 50 帧处花枝效果　　　　图 7-9　第 80 帧处花枝效果

9．执行"插入"→"新建元件"命令，新建名为"花瓣"的影片剪辑，将素材"花瓣雨.gif"导入当前影片剪辑的舞台中，效果如图 7-10 所示。

图 7-10　"花瓣"影片剪辑窗口

10．返回场景，在"花枝"图层上方新建图层，命名为"花瓣雨"。在该图层第 50 帧处插入关键帧，将库中的"花瓣"影片剪辑拖入舞台。利用"任意变形工具"调整其大小及位置如图 7-11 所示。

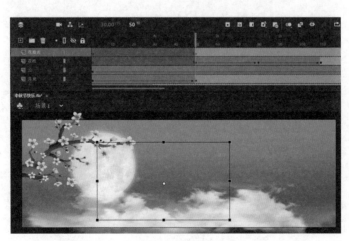

图 7-11　"花瓣"影片剪辑的位置及大小

11．在"花瓣雨"图层上方新建图层，命名为"诗句"。在该图层第 80 帧处插入关键帧，将库中的"文字–诗句.png"拖入舞台，并调整其大小及位置如图 7-12 所示。

图 7-12　文字的位置及大小

12．在"诗句"图层上方新建图层，命名为"矩形"。在该图层第 80 帧处插入关键帧，利用"矩形工具"绘制有填充色的小矩形，效果如图 7-13 所示。在 130 帧处插入关键帧，调整矩形形状如图 7-14 所示。在第 80~130 帧之间创建补间形状动画。

图 7-13　第 80 帧处矩形效果

图 7-14　第 130 帧处矩形效果

13．在"矩形"图层的第131帧处插入关键帧，继续绘制有填充色的小矩形，如图7-15所示。在第181帧处，调整矩形形状如图7-16所示。在第131～181帧之间创建补间形状动画。

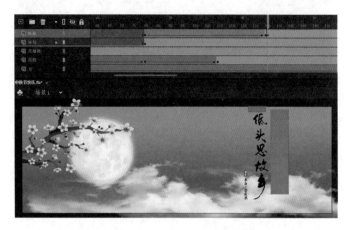

图 7-15　第 131 帧处矩形效果

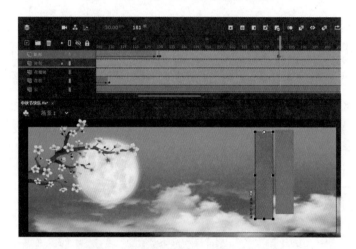

图 7-16　第 181 帧处矩形效果

14．继续在"矩形"图层的第182～202帧之间创建补间形状动画。第182、202帧处矩形形状分别如图7-17、图7-18所示。

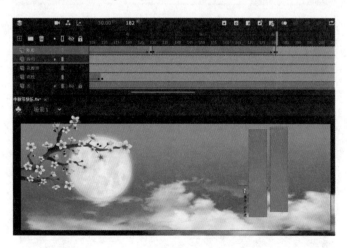

图 7-17　第 182 帧处矩形效果

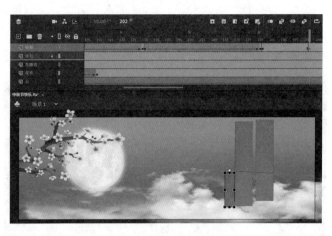

图 7-18　第 202 帧处矩形效果

15．在时间轴面板中用鼠标右键单击"矩形"图层，在打开的快捷菜单中执行"遮罩层"命令。

16．在"矩形"图层上方新建图层，命名为"中秋"。在该图层第 210 帧处插入关键帧，将库中的"文字-中秋.png"拖入舞台，将其转化为图形元件并调整大小。在第 260 帧处插入关键帧。调整第 210 帧及第 260 帧处元件的大小分别如图 7-19、图 7-20 所示。在第 210～260帧之间创建传统补间动画。

图 7-19　第 210 帧处"中秋"文字效果

图 7-20　第 260 帧处"中秋"文字效果

17．在"中秋"图层上方新建图层，命名为"音乐"。选中该图层时间轴的第1帧，将库中的"背景音乐.wav"拖入舞台。打开属性面板，设置声音属性如图7-21所示。

图7-21　声音属性设置

18．新建按钮元件"重播"，选择"文本工具"，设置文字大小为"61点"；字符系列为"Broadway"；文本（填充）颜色为"白色"，在元件编辑窗口输入文字"replay"。分别在"指针经过"及"按下"帧中插入关键帧，调整"指针经过"帧中的文字大小为"50点"，颜色为"#ffff00"。返回场景。

19．在"音乐"图层上方新建"按钮"图层，在该图层第300帧处插入关键帧，将"重播"按钮元件放置到舞台中。将"按钮"元件实例命名为"replay"，效果如图7-22所示。

图7-22　按钮设置效果

20．将播放头放到第300帧处，打开代码片段面板，展开"时间轴导航"分类，如图7-23所示。双击"在此帧处停止"选项，打开如图7-24所示的动作面板，新添加的脚本语言高亮显示。此时时间轴自动创建一个新图层"Actions"。

21．选择"按钮"元件，打开代码片段面板，展开"时间轴导航"分类，双击"单击以

转到帧并播放"选项，打开动作面板，在添加的脚本语言中将"gotoAndPlay(5)"替换成
"gotoAndPlay(1)"，效果如图 7-25 所示。

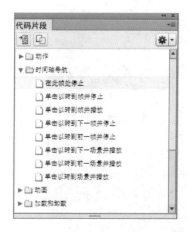

图 7-23 "时间轴导航"分类

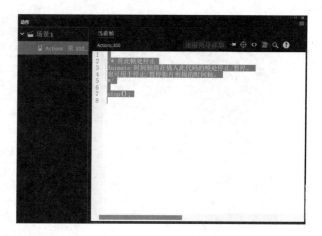

图 7-24 动作面板

图 7-25 动作面板

22. 按【Ctrl+S】组合键保存文件，按【Ctrl+Enter】组合键测试影片。播放效果如
图 7-1 所示。

案例㉑ 企业广告——制作企业网站 Banner 动画

案例描述

Banner 也称为横幅，主要指制作纸质杂志的大标题、各种活动用旗帜及最流行的网站横幅广告。本案例通过 3 个镜头，将企业文化的精髓、企业的特点展示出来，再配以动感的音乐，效果震撼而生动，如图 7-26 所示为某企业网站 Banner 动画效果。

图 7-26　企业网站 Banner 动画效果

案例分析

- 通过调整背景元件色彩效果的"高级"属性，实现背景的渐显效果。
- 利用传统补间动画实现建筑渐显的效果。
- 为文字添加渐显、由大到小变化及重影的效果。
- 利用传统补间动画实现企业名称由小到大渐显的效果。
- 利用遮罩动画实现文字逐字出现的效果。
- 添加背景音乐。

1. 在 Animate 中新建 ActionScript 3.0 文档，设置舞台大小为"1000×300"像素。按【Ctrl+S】组合键保存文件，命名为"企业广告.fla"。

2. 把"图层_1"重命名为"背景"，将"背景.jpg"导入舞台，调整其大小及位置与舞台对齐，并将其转化为图形元件。分别在第 10 帧、30 帧处插入关键帧，在第 140 帧处插入帧。分别在第 1~10 帧、10~30 帧之间创建传统补间动画，效果如图 7-27 所示。

图 7-27 添加补间动画后的效果

3. 在第 1 帧处选中背景元件，在属性面板"色彩效果"选项中选择"高级"，设置参数如图 7-28 所示。选中第 10 帧处的背景元件，设置"高级"选项的参数如图 7-29 所示。

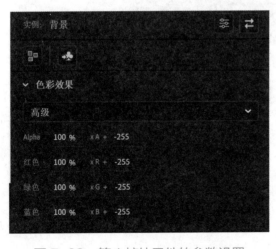
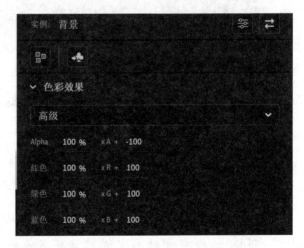

图 7-28 第 1 帧处元件的参数设置　　　　　图 7-29 第 10 帧处元件的参数设置

4. 新建"图层_2"并命名为"建筑1"，在第 40 帧处插入关键帧，将素材"建筑1.png"导入舞台，并将其转化为图形元件。在第 60 帧处插入关键帧。分别调整第 40 帧、60 帧处元件的 Alpha 值为 10%、100%，第 60 帧处"建筑1"元件的位置如图 7-30 所示。在第 40 帧处将元件移至舞台左侧外部，在第 40~60 帧之间创建传统补间动画。

图 7-30   第 60 帧处 "建筑 1" 元件的位置

5. 新建 "图层_3" 并命名为 "建筑 2"，在第 60 帧处插入关键帧，将素材 "建筑 2.png" 导入舞台，并转化为图形元件。在第 80 帧处插入关键帧。分别调整第 60 帧、80 帧处元件的 Alpha 值为 10%、100%，第 80 帧处 "建筑 2" 元件的位置如图 7-31 所示。在第 60 帧处将元件移至舞台下方，在第 60~80 帧之间创建传统补间动画。

图 7-31   第 80 帧处 "建筑 2" 元件的位置

6. 新建 "图层_4" 并命名为 "文字"，在第 90 帧处插入关键帧，将素材 "文字 1.png" 导入舞台，并转化为图形元件。在第 110 帧处插入关键帧。分别调整第 90 帧、110 帧处元件的 Alpha 值为 10%、100%，效果如图 7-32、7-33 所示。在第 90~110 帧之间创建传统补间动画。

图 7-32   第 90 帧的效果

图 7-33   第 110 帧的效果

7. 复制"文字"图层中的第 90～110 帧。新建"图层_5"并命名为"文字复制",在第 100 帧处插入关键帧,用鼠标右键单击该关键帧,在弹出的快捷菜单中执行"粘贴帧"命令,实现如图 7-34 所示的文字重影效果。

图 7-34　文字重影效果

8. 同时选中以上 5 个图层的第 141 帧,插入空白关键帧。复制"背景"图层的第 1～30 帧,将其粘贴至该图层的第 142 帧处。在"背景"图层的第 400 帧处插入帧。

9. 在"建筑 1"图层的第 180 帧处插入关键帧,将素材"建筑 3.png"导入舞台,并将其转化为图形元件。在第 200 帧处插入关键帧。分别调整第 180 帧、200 帧处元件的 Alpha 值为 10%、100%,第 200 帧处"建筑 3"元件的位置如图 7-35 所示。在第 180 帧处将元件移至舞台左侧外部。在第 180～200 帧之间创建传统补间动画。在第 280 帧处插入帧。

图 7-35　第 200 帧处"建筑 3"元件的位置

10. 在"建筑 2"图层的第 200 帧处插入关键帧,将素材"建筑 4.png"导入舞台,并将其转化为图形元件。参照步骤 5,在第 200～220 帧之间创建传统补间动画,实现"建筑 4"元件由舞台下方向上运动并渐显的效果,第 220 帧处"建筑 4"元件的位置如图 7-36 所示。在第 280 帧处插入帧。

图 7-36　第 220 帧处"建筑 4"元件的位置

11. 在"文字"图层的第 230 帧处插入关键帧，将素材"文字 2.png"导入舞台，并转化为图形元件。参照步骤 6，在第 230～250 帧处创建传统补间动画，实现文字由大到小、Alpha值由 10%至 100%渐显的效果。在第 280 帧处插入帧。

12. 复制"文字"图层中的第 230～250 帧。在"文字复制"图层的第 240 帧处插入关键帧，用鼠标右键单击该关键帧，在弹出的快捷菜单中执行"粘贴帧"命令，实现如图 7-37所示的文字重影效果。在第 280 帧处插入帧。

图 7-37　文字重影效果

13. 在"文字复制"图层的第 281 帧处插入空白关键帧，将素材"文字 3.png"导入舞台，并转化为图形元件。在第 300 帧处插入关键帧。分别调整第 281 帧、300 帧处元件的 Alpha值为 20%、100%，效果如图 7-38、7-39 所示。在第 281～300 帧之间创建传统补间动画。在第 400 帧处插入帧。

图 7-38　第 281 帧的效果

图 7-39　第 300 帧的效果

14. 在"文字复制"图层的上方新建图层，并命名为"标语"。在第 300 帧处插入关键帧，利用"文字工具"，输入文字"同心协力、携手前行、共创未来"，设置合适的字体及大小，效果如图 7-40 所示。

图 7-40　第 300 帧处输入标语文字后的效果

15．在"标语"图层的上方新建图层，并命名为"蒙版"。在第 300 帧处插入关键帧，利用"矩形工具"，绘制有填充色的矩形形状，如图 7-41 所示。在第 350 帧处插入关键帧，调整其形状大小如图 7-42 所示。在第 300～350 帧之间创建传统补间动画。

图 7-41　第 300 帧处形状

图 7-42　第 350 帧处形状

16. 选中"蒙版"图层并单击鼠标右键，在弹出的快捷菜单中选择"遮罩层"命令。

17. 在"蒙版"图层上方新建"音乐"图层，将素材"music.mp3"导入舞台，在其属性面板中，设置参数如图 7-43 所示。

图 7-43　声音属性面板的参数设置

18. 按【Ctrl+S】组合键保存文件，按【Ctrl+Enter】组合键测试影片。播放效果如图 7-26 所示。

案例 22　垃圾分类——制作公益广告动画

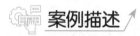案例描述

　　本案例通过 4 个场景将与垃圾分类的相关内容简单、具体化，通过形象生动的动画场景设计，向观众清晰地传达了"垃圾分类、绿色环保"的公益信息，开场动画效果如图 7-44 所示。

图 7-44　开场动画效果

案例分析

- 场景 1：利用传统补间动画实现树木、垃圾桶从四周出现的效果；利用遮罩动画，实现"垃圾分类"文字由黑白至彩色的变化。

- 场景 2：利用传统补间动画，实现人物、展板、文字等信息有序出现的效果。

- 场景 3：利用传统补间动画实现背景由大至小、由模糊至清晰出现的效果；利用遮罩动画实现刷子划过时内容呈现的动画效果。

- 场景 4：利用传统补间动画，实现舞台对象有序出现的效果；利用遮罩动画实现过光文字的效果。

- 添加背景音乐。

操作步骤

1. 在 Animate 中新建 ActionScript 3.0 文档，设置舞台大小为"800×500"像素。按【Ctrl+S】组合键保存文件，命名为"垃圾分类.fla"。

2. 把"图层_1"重命名为"背景"，将"背景 1.jpg"导入舞台，调整其大小及位置与舞台对齐，并将其转换为图形元件。在第 30 帧处插入关键帧，在第 150 帧处插入帧。在第 1~30 帧之间创建传统补间动画。

3. 在第 1 帧处选中"背景 1"元件，在属性面板"色彩效果"选项中选择"Alpha"，设置值为"30%"，在第 30 帧设置"Alpha"值为"100%"，第 1 帧、第 30 帧设置效果如图 7-45、7-46 所示。

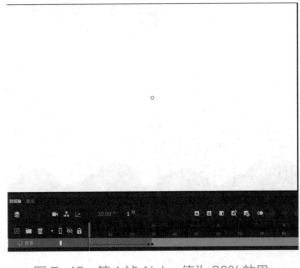

图 7-45　第 1 帧 Alpha 值为 30%效果

图 7-46　第 30 帧 Alpha 值为 100%效果

4. 新建"图层_2"并命名为"树"，在第 30 帧处插入关键帧，将素材"树.png"导入舞台，并将其转化为图形元件。在第 40 帧处插入关键帧，在第 30~40 帧之间创建传统补间动画。将元件的变形点移至树的底部，分别调整第 30 帧、40 帧处"树"元件的位置及形状，如图 7-47 所示。

图 7-47　第 30 帧、40 帧处"树"元件的位置及形状

5．执行菜单"文件"→"导入"→"导入到库"命令，选择素材"垃圾桶1.psd"，在打开的对话框中按如图 7-48 所示进行设置，此时库面板显示的"垃圾桶1.psd 资源"如图 7-49 所示。

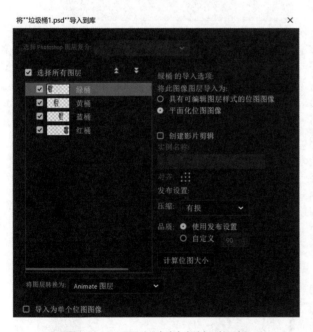

图 7-48　导入素材文件对话框

图 7-49　垃圾桶1.psd 资源

6．新建"图层_3"并命名为"绿桶"，在第 40 帧处插入关键帧，将素材库中的"绿桶"拖入舞台，并转化为图形元件。第 50 帧处插入关键帧，在第 40～50 帧之间创建传统补间动画。分别调整第 40 帧、50 帧处"绿桶"元件的大小及位置如图 7-50 所示。

7．继续新建"图层_4""图层_5""图层_6"，并分别命名为"黄桶""蓝桶""红桶"，参照步骤 6，分别在 3 个图层的第 50～60 帧、60～70 帧、70～80 帧之间创建传统补间动画，设置黄桶由上至下、蓝桶由下至上、红桶由右至左的运动效果，如图 7-51 所示。

图 7-50 第 40 帧、50 帧处"绿桶"元件的大小及位置

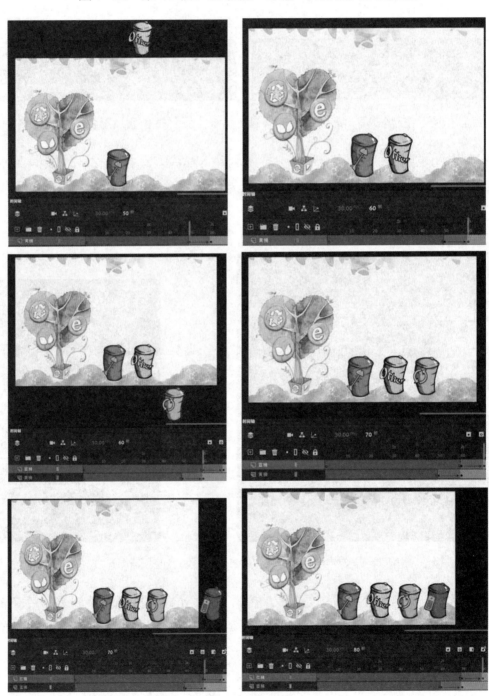

图 7-51 设置"黄桶""蓝桶""红桶"的运动效果

8．新建"图层_7"并命名为"黑白文字"，在第 80 帧处插入关键帧，将素材"文字-黑白.png"导入舞台，黑白文字效果如图 7-52 所示。

9．新建"图层_8"并命名为"彩色文字"，在第 80 帧处插入关键帧，将素材"文字-彩色.png"导入舞台，并调整其大小及位置与舞台中的黑白文字重合，彩色文字效果如图 7-53 所示。

图 7-52　黑白文字效果　　　　　　　图 7-53　彩色文字效果

10．在"彩色文字"图层的上方新建"图层_9"并命名为"矩形"，在第 80 帧处插入关键帧，利用"矩形工具"，在文字的左侧绘制一个小矩形。在第 120 帧处插入关键帧，将矩形变形点移至最左侧，调整矩形形状，效果如图 7-54 所示。在第 80～120 帧之间创建补间形状动画。选中"矩形"图层并单击鼠标右键，在弹出的快捷菜单中选择"遮罩层"命令。

图 7-54　第 80 帧、120 帧处矩形的效果

11．在"矩形"图层的上方新建"图层_10"并命名为"音乐"，将素材"music.mp3"导入舞台，时间轴面板及声音属性面板设置如图 7-55 所示。

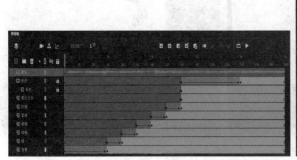

图 7-55　时间轴面板及声音属性面板设置

12．执行菜单"插入"→"场景"命令，新建"场景2"。

13．将"图层_1"重命名为"背景"，将"背景1"元件导入舞台，并调整其大小及位置与舞台对齐。调整元件的Alpha值，在第1～20帧之间创建背景图像渐显的传统补间动画。在第380帧处插入帧。

14．新建图形元件"展板"，利用"矩形工具"分别绘制颜色为"#FFFFFF""#A1CB76"的大、小两个矩形。

15．返回至"场景2"，新建"图层_2"并命名为"展板"，在第20帧处插入关键帧，将"展板"元件拖入舞台，在第30帧处插入关键帧。将变形点移到元件的顶端，分别调整第20帧、30帧处元件的位置及形状，如图7-56所示。

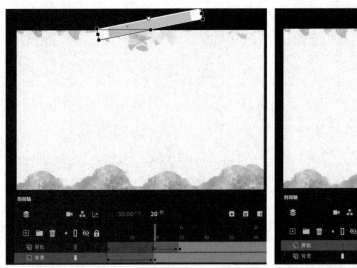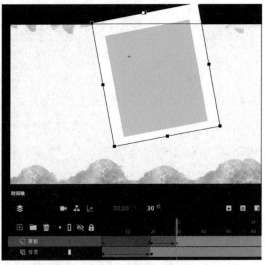

图7-56　第20帧、30帧处元件的位置及形状

16．新建"图层_3"并命名为"人物"。在第30帧处插入关键帧，将素材"人物.png"导入舞台，并将其转化为图形元件。在第50帧处插入关键帧，在第30～50帧之间创建传统补间动画。分别调整第30帧、50帧处元件的Alpha值为"10%""100%"，人物效果如图7-57所示。

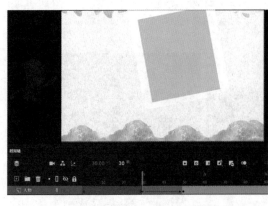

图7-57　第30帧、50帧处人物效果

17. 执行菜单"文件"→"导入"→"导入到库"命令，参照步骤 5 将素材"垃圾桶 2.psd""图标.psd"分图层导入库。

18. 新建"图层_4""图层_5"并分别重命名为"垃圾桶""图标"。在两图层的第 50 帧处各插入关键帧，分别将"厨余垃圾桶"及"绿标"拖入相应的图层，并转化为图形元件。在两图层的第 60 帧处分别插入关键帧，在第 50～60 帧之间创建传统补间动画。第 50 帧、60 帧处图标及垃圾桶的效果如图 7-58 所示。

图 7-58　第 50 帧、60 帧处图标及垃圾桶的效果

19. 在"图标"图层的上方新建"图层_6"并命名为"文字"。在第 60 帧处插入关键帧，利用文字工具，设置文字大小为"20pt"，字体为"华文中宋"，颜色为"黑色"，输入文字的效果如图 7-59 所示。

图 7-59　输入文字的效果

20．在"垃圾桶""图标""文字"图层的第 129 帧处分别插入空白关键帧，在第 130 帧处分别插入关键帧，分别将"可回收垃圾桶"及"蓝标"拖入相应图层。参照步骤 18，在第 130～140 帧之间创建"垃圾桶"及"蓝标"运动的传统补间动画。在"文字"图层的第 140 帧处输入文字。完成后的效果如图 7-60 所示。

图 7-60　第 130 帧、140 帧"图标""垃圾桶""文字"的效果

21．参照步骤 20，分别在第 210～220 帧、290～300 帧之间创建黄色、蓝色图标及相应垃圾桶的运动效果。在第 220 帧及第 300 帧处输入文字，效果如图 7-61 所示。

图 7-61　第 220 帧、300 帧"图标""垃圾桶""文字"的效果

22．在"人物"图层的第 130、132、134 帧处分别插入关键帧，将变形点移至人物的脚部，调整 3 个关键帧中人物的角度，效果如图 7-62 所示。复制"人物"图层的第 130～134 帧，分别粘贴至第 210 帧、290 帧处，删除第 380 帧之后的帧。此时时间轴面板如图 7-63 所示。

图 7-62 人物旋转的角度

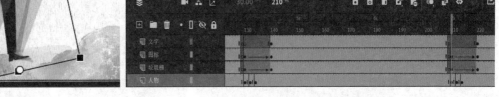
图 7-63 时间轴面板

23．执行菜单"插入"→"场景"命令，新建"场景3"。

24．将"图层_1"重命名为"背景"，将"背景2.jpg"导入舞台，并转化为图形元件。调整元件的 Alpha 值、大小及位置。在第1～20帧之间创建背景图像由大到小渐显至舞台的传统补间动画。在第120帧处插入帧。

25．在"背景"图层的上方插入新图层，命名为"背景3"。在第20帧处插入关键帧，将素材"背景3.jpg"导入舞台，调整其大小及位置，效果如图7-64所示。

26．在"背景3"图层的上方新建图层并命名为"笔刷"。在第20帧处插入关键帧，将"笔刷.png"导入舞台，调整其大小及位置，效果如图7-65所示。

图 7-64 插入"背景3.jpg"的效果

图 7-65 插入"笔刷.png"后的效果

27．选中舞台中的笔刷图像，执行菜单"修改"→"位图"→"转换位图为矢量图"命令，将其转化为矢量图。在"笔刷"图层的第60帧处插入关键帧，在第20～60帧之间创建补间形状。分别调整第20帧、60帧处笔刷的形状，如图7-66所示。在时间轴面板选择"笔刷"图层并单击鼠标右键,在弹出的快捷菜单中选择"遮罩层"命令。

图 7-66 第 20 帧、60 帧处笔刷的形状

28．在"笔刷"图层的上方新建图层并命名为"刷子",在第 20 帧处插入关键帧,将素材"刷子.png"导入舞台,并将其转化为图形元件。分别在第 40 帧、60 帧插入关键帧,在第 20～40 帧、40～60 帧之间创建传统补间动画。调整第 20 帧、40 帧、60 帧处刷子的位置如图 7-67 所示。

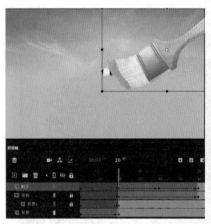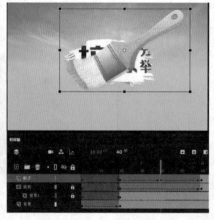

图 7-67 第 20 帧、40 帧、60 帧处刷子的位置

29．执行菜单"插入"→"场景"命令,新建"场景 4"。

30．将"图层_1"重命名为"背景",将"背景 4.jpg"导入舞台并转化为图形元件,调整其大小及位置与舞台对齐。调整元件的 Alpha 值,在第 1～30 帧之间创建背景图像渐显的传统补间动画。在第 200 帧处插入帧。

31．在"背景"图层的上方插入新图层并命名为"建筑"。在第 30 帧处插入关键帧,将"建筑.png"导入舞台并将其转化为图形元件。在第 50 帧处插入关键帧,在第 30～50 帧之间创建传统补间动画。第 30 帧、50 帧处建筑的位置如图 7-68 所示。

图 7-68　第 30 帧、50 帧处建筑的位置

32．在"建筑"图层的上方新建图层并命名为"文字"。在第 60 帧处插入关键帧，将"文字.png"导入舞台并将其转化为图形元件。在第 80 帧处插入关键帧，调整文字的 Alpha 值及大小，在第 60～80 帧之间创建文字由大到小渐显的传统补间动画，效果如图 7-69 所示。

图 7-69　文字由大到小渐显的效果

33．在"文字"图层的上方新建图层并命名为"文字复制"。复制"文字"图层的第 80 帧至"文字复制"图层的第 80 帧，选中复制的文字元件，在属性面板的"色彩效果"中设置"色调"为"黄色"，效果如图 7-70 所示。

34．在"文字复制"图层的上方新建"矩形"图层，在第 80 帧处插入关键帧，绘制矩形并转化为元件。在第 140 帧处插入关键帧，并移动位置。在第 80～140 帧之间创建传统补间动画。矩形元件在第 80 帧、140 帧处的效果如图 7-70 所示。选择"矩形"图层并单击鼠标右键，在弹出的快捷菜单中选择"遮罩层"命令。

35．在"矩形"图层的上方新建"文字 2"图层，在第 140 帧处插入关键帧，利用"文字工具"输入文字，效果如图 7-71 所示。

图 7-70　矩形元件在第 80 帧、140 帧处的效果

图 7-71　输入文字后的效果

36．将时间轴移动至第 200 帧处，打开如图 7-72 所示的代码片段面板，双击"时间轴导航"中的"在此帧处停止"命令，此时时间轴面板中会自动添加"Actions"图层，效果如图 7-73 所示。

图 7-72　代码片段面板

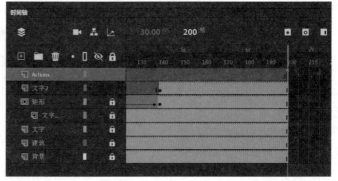

图 7-73　自动添加"Actions"图层

37．按【Ctrl+S】组合键保存文件，按【Ctrl+Enter】组合键测试影片。播放效果如图 7-44 所示。

>> 思考与实训 7

一、填空题

1．颜料桶工具可以为_____填充颜色，墨水瓶工具可以改变_____的颜色、宽度和类型。

2．按钮是一种独特的元件，它的时间轴只有_____帧，分别是_____。

3．Animate 在舞台中只能显示当前帧，采用_____视图模式，可以在舞台中同时查看多个帧中的内容。

4．创建引导层动画时若要运动对象根据路径形状调整角度，可以选择补间属性面板中的_____选项。

5．可以为_____和_____添加骨骼，添加骨骼后，所有关联的内容会被移到新的图层，该图层被称为_____层。

6．Animate 支持的声音格式有_____。

7．打开库面板的快捷键是_____。

8．Animate 中处理动作脚本的编辑环境是_____面板。

9．ActionScript 3.0 的脚本会自动放置在_____层。

10．使用 Animate 提供的_____面板，可以无需掌握 ActionScript 3.0 的语法而使用脚本。

二、上机实训

1．搜集、整理素材，为自己学校的网站制作一段 30 秒的片头。要注意音、画配合得当。

2．自选歌曲，制作一段 MV。要求用到视频、3D 效果和骨骼动画效果。

3．收集材料，制作宣传低碳知识的公益性短片。要求合理设置交互，实用又易用。

反侵权盗版声明

电子工业出版社依法对本作品享有专有出版权。任何未经权利人书面许可，复制、销售或通过信息网络传播本作品的行为；歪曲、篡改、剽窃本作品的行为，均违反《中华人民共和国著作权法》，其行为人应承担相应的民事责任和行政责任，构成犯罪的，将被依法追究刑事责任。

为了维护市场秩序，保护权利人的合法权益，我社将依法查处和打击侵权盗版的单位和个人。欢迎社会各界人士积极举报侵权盗版行为，本社将奖励举报有功人员，并保证举报人的信息不被泄露。

举报电话：（010）88254396；（010）88258888

传　　真：（010）88254397

E-mail：　dbqq@phei.com.cn

通信地址：北京市万寿路 173 信箱

　　　　　电子工业出版社总编办公室

邮　　编：100036